课堂实录

中文版 Premiere

影视编辑 课堂实录

郝玉强 贾新峰 / 编著

清华大学出版社

北 京

内 容 简 介

本书详细介绍了使用 Premiere 进行影视编辑的知识，内容涵盖数码视频基础概念、视频素材导入和输入、序列创建与编辑、字幕创建、运动动画特效、视频过渡特效、视频画面特效、视频色彩特效、视频合成特效、音频混合特效等。

本书适合作为高等院校和职业院校的视频编辑、影视特效和广告创意专业的培训教材，也可以作为 Premiere 视频编辑，以及普通用户学习和参考的资料。

图书在版编目（CIP）数据

中文版 Premiere 影视编辑课堂实录 / 郝玉强，贾新峰编著 -- 北京：清华大学出版社，2016
（课堂实录）

ISBN 978-7-302-43350-7

I. ①中… II. ①郝… ②贾… III. ①影视编辑软件 IV. ① TN94

中国版本图书馆 CIP 数据核字（2016）第 062805 号

责任编辑：陈绿春
封面设计：潘国文
责任校对：胡伟民
责任印制：沈 露

出版发行：清华大学出版社
    网 址：http://www.tup.com.cn，http://www.wqbook.com
    地 址：北京清华大学学研大厦 A 座   邮 编：100084
    社 总 机：010-62770175   邮 购：010-62786544
    投稿与读者服务：010-62776969，c-service@tup.tsinghua.edu.cn
    质量反馈：010-62772015，zhiliang@tup.tsinghua.edu.cn
    课件下载：http://www.tup.com.cn,010-62795954

印 刷 者：清华大学印刷厂
装 订 者：三河市新茂装订有限公司
经 销：全国新华书店
开 本：188mm×260mm   印 张：18.75   字 数：615 千字
    （附 DVD1 张）
版 次：2016 年 7 月第 1 版   印 次：2016 年 7 月第 1 次印刷
印 数：1 ～ 3500
定 价：49.00 元

产品编号：045964-01

随着数码产品的普及，越来越多的人通过录制视频记录生活的点滴，所以 Premiere Pro 逐渐成为视频编辑爱好者和专业人士必不可少的视频编辑工具。Premiere 提供了采集、剪辑、调色、美化音频、添加字幕、输出、DVD 刻录的一整套功能，并和其他 Adobe 软件高度集成，足以满足视频剪辑中的所有要求。

本书主要内容：

对于效果较好的视频，并不是完全通过拍摄来实现的，还需要通过后期处理达到更好的效果。视频画面剪辑不仅包括合成，还包括各种特效的添加与设置，而音频的添加与设置会为视频起到画龙点睛的作用。本书共分为 14 课，安排如下：

第 1~4 课：主要介绍数码视频基本概念、Premiere Pro 的工作环境、素材的导入与管理，以及影片剪辑的输出方法等。

第 5~6 课：主要讲解 Premiere Pro 中的序列创建与编辑、视频字幕的创建，以及各种运动动画的制作等。

第 7~11 课：主要讲解各种特效的添加与设置，例如视频过渡特效、视频画面特效、视频色彩特效、视频合成特效，以及音频混合特效等。

第 12~14 课：主要讲解视频的制作方法与具体流程。

本书的特色：

本书主要面向视频制作的初、中级用户，采用由浅入深、循序渐进的方式进行讲解，内容丰富，结构安排合理，实例均来自设计一线，特别适合作为教材使用，是各类院校广大师生的首选教材。

■ 实战性强

本书的最大特点是对每个知识点从实例的角度进行介绍，这些实例均采用 Step by Step 的

制作流程，使读者能够轻松上手，达到举一反三的学习效果。

■　结构完整

本书以实例功能讲解为核心，每个小节分为"基本知识学习"和"课堂练一练"两部分内容。"基本知识学习"部分以基本知识为主，讲解每个知识点的操作和用法，操作步骤详细，目标明确；"课堂练一练"部分则相当于一个学习任务或案例的制作。在之后结合大量实例分述该软件的视频剪辑技术。最后两课通过综合实例讲述了视频制作的全过程。

■　案例丰富

把知识点融汇到系统的案例实训当中，并且结合经典案例进行讲解和拓展，进而做到"知其然，并知其所以然"，力求达到理论知识与实际操作完美结合的效果。

■　习题强化

在每课后都附有针对性的练习题，通过实训巩固每课所学的知识。

读者对象：

■　相关专业的学生

■　视频处理爱好者

■　普通家庭读者

本书作者：

本书由郝玉强、贾新峰主笔，参加编写的还包括：周国正、张秀红、赵培、廖文梅、国俊保、张晓明、刘红星、李宁、常庆红、赵林海、乔静燕、王海峰、王虎明、张宁、王淼。有任何意见或者建议请联系陈老师：chenlch@tup.tsinghua.edu.cn。

作者

目录
CONTENTS

中文版Premiere影视编辑课堂实录

第 1 课 了解数码视频

了解数码视频

在现阶段，无论通过摄像机还是手机拍摄的视频，人们会很自然地想到使用视频编辑器进行重新组合，甚至为视频添加特效。在 20 世纪 80 年代，视频还是以一种磁带的方式记录并播放的，而视频处理更是一种专业的技术。近年来随着数字视频技术的高速发展、硬件技术的日趋成熟，这种高质量、高效率的影视制作手段得到了更加广泛的应用。

技术要点：

- ◆ 了解数字视频
- ◆ 了解常用音视频格式
- ◆ 掌握非线性编辑知识

1.1 数字视频的基本概念

视频是指一系列的静态影像以电信号方式加以捕捉、记录、处理、存储、传送与重现的各种技术。掌握数字视频概念中的视频原理、视频色彩，以及数字视频等知识，能够更好地了解数字视频。

1.1.1 模拟信号与数字信号

现如今，数字技术正以异常迅猛的速度席卷全球的视频编辑与处理领域，数字视频正逐步取代模拟视频，成为新一代视频应用的标准。然而，什么是数字视频？它与传统模拟视频的差别又是什么呢？要了解这些问题，便需要首先了解模拟信号与数字信号的概念，以及两者之间的差别。

1. 模拟信号

从表现形式上来看，模拟信号由连续且不断变化的物理量来表示信息，其电信号的幅度、频率或相位都会随着时间和数值的变化而连续变化，如图 1-1 所示。模拟信号的这一特性使信号所受到的任何干扰都会造成信号失真。长期以来的应用实践也证明，模拟信号会在复制或传输过程中，不断发生衰减，并混入噪声，从而使其保真度大幅降低。

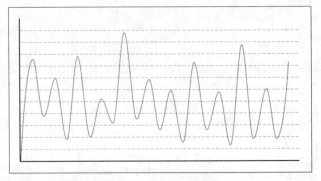

图 1-1　模拟信号示意图

提示

在模拟通信中，为了提高信噪比，需要在信号传输过程中及时对衰减的信号进行放大。这就使信号在传输时所叠加的噪声（不可避免）也会被同时放大。随着传输距离的增加，噪声累积越来越多，以致传输质量严重恶化。

2．数字信号

与模拟信号不同的是，数字信号的波形幅值被限制在有限的数值之内，因此其抗干扰能力强。除此之外，数字信号还具有便于存储、处理和交换，以及安全性高（便于加密）和相应设备易于实现集成化、微型化等优点，其信号波形如图 1-2 所示。

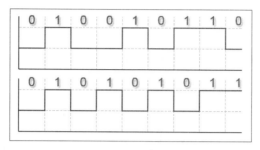

图 1-2　二进制数字信号波形示意图

提示

由于数字信号的幅值为有限个数值，因此在传输过程中虽然也会受到噪声干扰，但当信噪比恶化到一定程度时，只需在适当的距离采用判决再生的方法，即可生成无噪声干扰，且和最初发送时一模一样的数字信号。

3．数字视频的本质

在对模拟信号与数字信号有了一定的了解后，什么是数字视频便很容易解释了。简单来说，使用数字信号来记录、传输、编辑和修改的视频数据，即称为"数字视频"。

1.1.2　帧速率和场

帧、场和扫描方式这些词汇都是视频编辑中常常会出现的专业术语，它们之间的共同点是都与视频播放息息相关。接下来，将逐一对这些专业术语，以及与其相关的知识进行讲解。

1．帧

视频是由一幅幅静态画面所组成的图像序列，而组成视频的每一幅静态图像，便称为"帧"。也就是说，帧是视频（包含动画）内的单幅影像画面，相当于电影胶片上的每一格影像，我们常常说到的"逐帧播放"指的便是逐幅画面的视频，如图 1-3 所示。

图 1-3　逐帧播放动画片段

提示

上面的 4 幅图像便是由一个 4 帧 GIF 动画文件逐帧分解而来的，当快速、连续播放这些图像时（即播放 GIF 动画文件），我们便可以在屏幕上看到一个不断奔跑的小狗。

在播放视频的过程中，播放效果的流畅程度取决于静态图像在单位时间内的播放数量，即"帧速率"，其单位为 fps（帧／秒）。目前，电影画面的帧速率为 24fps，而电视画面的帧速率则为 30fps 或 25fps。

指点迷津

要想获得动态的播放效果，显示设备至少应以 10fps 的速度进行播放。

2．隔行扫描与逐行扫描

扫描方式是指电视机在播放视频画面时采用的播放方式。我们知道，显示器的显像原理是通过电子枪发射高速电子来扫描显像管，并最终使显像管上的荧光粉发光成像。在这一过程中，电子枪扫描图像的方法分为两种：隔行扫描与逐行扫描。

提示

电视机在工作时，电子枪会不断地快速发射电子，而这些电子在撞击显像管后便会引起显像管内壁的荧光粉发光。在"视觉滞留"现象与电子持续不断撞击显像管的共同作用下，发光的荧光粉便会在人眼视网膜上组成一幅幅图像。

■ 隔行扫描

隔行扫描是指电子枪首先扫描图像的奇数行（或偶数行），当图像内所有的奇数行（或偶数行）全部扫描完成后，再使用相同方法逐次扫描偶数行（或奇数行），如图 1-4 所示。

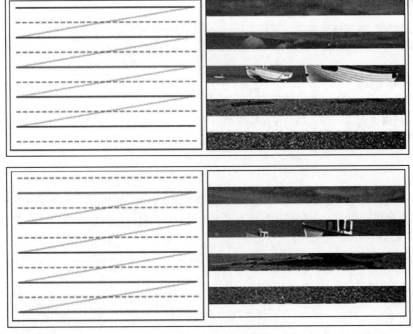

图 1-4　隔行扫描示意图

■ 逐行扫描

顾名思义，逐行扫描便是在显示图像的过程中，采用每行图像依次扫描的方法来播放视频画面，如图 1-5 所示。

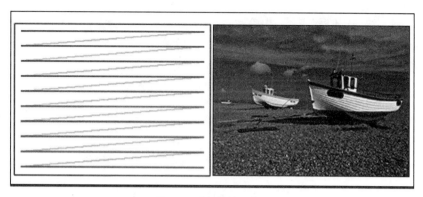

图 1-5　逐行扫描示意图

早期由于技术的原因，逐行扫描整幅图像的时间要大于荧光粉从发光至衰减所消耗的时间，因此会造成人眼的视觉闪烁感。在不得已的情况下，只好采用一种折中的方法，即隔行扫描。在视觉滞留现象的帮助下，人眼并不会注意到图像每次只显示一半，因此很好地解决了视频画面的闪烁问题。

然而，随着显示技术的不断进步，逐行扫描会引起视觉不适的问题已经解决。此外由于逐行扫描的显示质量要优于隔行扫描，因此隔行扫描技术已被逐渐淘汰。

3．场

在采用隔行扫描方式进行播放的显示设备中，每一帧画面都会被拆分开显示，而拆分后得到的残缺画面即称为"场"。也就是说，视频画面播放为 30fps 的显示设备，实质上每秒需要播放 60 场画面；而对于 25fps 的显示设备来说，其每秒需要播放 50 场画面。

在这个过程中，一幅画面内被首先显示的场被称为"上场"，而紧随其后进行播放的、组成该画面的另一场则被称为"下场"。

指点迷津

"场"的概念仅适用于采用隔行扫描方式进行播放的显示设备（如电视机），对于采用胶片进行播放的显像设备（胶片放映机）来说，由于其显像原理与电视机类产品完全不同，因此不会出现任何与"场"相关的内容。

需要指出的是，通常人们会误认为上场画面与下场画面由同一帧拆分而来。事实上，DV 摄像机采用的是一种类似于隔行扫描的拍摄方式。也就是说，摄像机每次拍摄到的都是依次采集到的上场或下场画面。例如，在一个每秒采集 50 场的摄像机中，第 123 行和 125 行的采集是在第 122 行和 124 行采集完成大约 1/50 秒后进行的。因此，将上场画面和下场画面简单地拼合在一起时，所拍摄物体的运动往往会造成两场画面无法完美拼合的现象。

1.1.3　分辨率和像素宽高比

分辨率和像素都是影响视频质量的重要因素，与视频的播放效果有着密切联系。接下来将针对该方面的各项知识进行介绍，使用户能够更清楚地认识和了解视频。

1．像素与分辨率

在电视机、计算机显示器及其他相类似的显示设备中，像素是组成图像的最小单位，而每个像素则由多个（通常为 3 个）不同颜色（通常为红、绿、蓝）的点组成的，如图 1-6 所示。至于分辨率，则是指屏幕上像素的数量，通常用"水平方向像素数量 × 垂直方向像素数量"的方式来表示，例如 720×480、720×576 等。

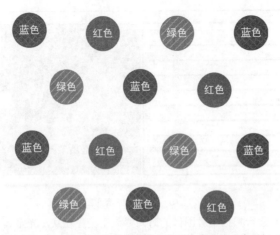

图 1-6　显示设备表面的像素分布与分布结构示意图

提示

显示设备通过调整像素内不同颜色点之间的强弱比例，来控制该像素点的最终颜色。理论上，通过对红、绿、蓝 3 个不同颜色因子的控制，像素点可显示任意色彩。

　　像素与分辨率对视频质量的正面影响在于，每幅视频画面的分辨率越大、像素数量越多，整个视频的清晰度也就越高。这是因为，一个像素在同一时间内只能显示一种颜色，因此在画面尺寸相同的情况下，拥有较大分辨率（像素数量多）图像的显示效果也就越为细腻，相应的影像也就越为清晰；反之，视频画面便会模糊不清，如图 1-7 所示。

图 1-7　1920×1080 与 640×360 分辨率的显示效果

2. 帧宽高比与像素宽高比

帧宽高比即视频画面的宽高比例，目前电视画面的宽高比通常为 4:3，电影则为 16:9，如图 1-8 所示。至于像素宽高比，则是指视频画面内每个像素的宽高比，具体比例由视频所采用的视频标准所决定。

图 1-8　4:3 与 16:9 的视频画面

不过，由于不同显示设备在播放视频画面时的像素宽高比也有所差别，因此当某一显示设备在播放与其像素宽高比不同的视频时，就必须对图像进行矫正处理。否则，视频画面的播放效果便会较原效果产生一定的变形，如图 1-9 所示。

图 1-9　因不同分辨率造成的画面变形

1.1.4　视频色彩系统

色彩本身没有情感，但它们却会对人们的心理产生一定的影响。例如红、橙、黄等暖色调往往会使人联想到阳光、火焰等，从而给人以炽热、向上的感觉；至于青、蓝、蓝绿、蓝紫等冷色调则会使人联

想到水、冰、夜色等，给人以凉爽、宁静、平和的感觉，如图 1-10 所示。

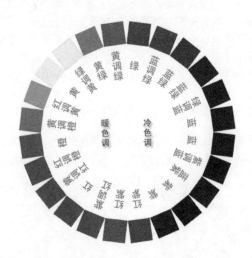

图 1-10　冷暖色调分类示意图

提示

在色彩的应用中，冷暖色调只是相对而言的。例如，在画面整体采用红色系颜色，且大红与玫瑰红同时出现时，大红就是暖色，而玫瑰红则会被看作是冷色；但是，当玫瑰红与紫罗兰同时出现时，玫瑰红便是暖色。

　　在实际拍摄及编辑视频的过程中，尽管每个画面内都可能包含多种不同色彩，但总会有一种色彩占据画面的主导地位，从而成为画面色彩的基调。因此，在操作时便应根据需要来突出或淡化、转移该色彩对表现效果的影响。例如，在海边场面中，便应该着重突现蓝色元素，以烘托海边的清爽气氛，如图 1-11 所示。

图 1-11　海边场面

1.1.5　数字音频

　　数字音频是指使用脉冲编码调变、数字信号来录音。其中包含了数字模拟转换器（DAC）、模拟数字转换器（ADC）、贮存，以及传输。实际上，因为相对于静电模拟的离散时间及离散程度的模拟方式才被称作"数字"，这个现代化的系统以微妙且有效的方式，来达到低失真的存储、补偿及传输。

计算机数据是以 0、1 的形式存取的，那么数字音频就是首先将音频文件转化，接着再将这些电平信号转化成二进制数据保存，播放的时候就把这些数据转换为模拟的电平信号再传到喇叭播出，数字声音和一般磁带、广播、电视中的声音就存储播放方式而言有着本质的区别。相比而言，它具有存储方便、存储成本低廉、存储和传输的过程中没有声音的失真、编辑和处理非常方便等特点。

▷　采样率：简单来说就是通过波形采样的方法记录 1 秒钟长度的声音，需要多少个数据。44kHz 采样率的声音就是要使用 44000 个数据来描述 1 秒钟的声音波形。原则上采样率越高，声音的质量越好。

▷　压缩率：通常指音乐文件压缩前和压缩后大小的比值，用来简单描述数字声音的压缩效率。

▷　比特率：是另一种数字音乐压缩效率的参考性指标，表示记录音频数据每秒钟所需的平均比特值（波特值是计算机中最小的数据单位，指一个 0 或者 1 的数值），通常我们使用 Kbps（通俗地讲就是每秒钟 1024 个比特）作为单位。CD 中的数字音乐比特率为 1411.2Kbps（也就是记录 1 秒钟的 CD 音乐，需要 1411.2×1024 比特的数据），近乎于 CD 音质的 MP3 数字音乐需要的比特率大约是 112Kbps ～ 128Kbps。

▷　量化级：简单来说就是描述声音波形的数据是多少位的二进制数据，通常用 bit 作为单位，如 16bit、24bit。16bit 量化级记录声音的数据是用 16 位的二进制数，因此，量化级也是数字声音质量的重要指标。我们形容数字声音的质量，通常就描述为 24bit（量化级）、48KHz 采样，例如，标准 CD 音乐的质量就是 16bit、44.1KHz 采样。

数字音频的出现是基于能够有效地录音、制作、量产。现在音乐广泛地在网络及网络商店流传都依赖数字音频及其编码方式，音频以文件的方式流传而非实体，这样一来大幅节省了生产的成本。

在模拟信号的系统中，声音在空气中传递的声波通过转换器，例如麦克风转存成电流信号的电波。而重现声音则是相反的过程，通过放大器将电子信号转成物理声波，再借由扩音器播放。经过转存、编码、复制，以及放大或许会丧失声音的真实度，但仍然能够保持与其基音、声音特色相似的波形。模拟信号容易受到噪声及变形的影响，相关器材电路所产生的电流更是无法避免的。在信号较为纯净的录音中，整个过程仍然存有许多噪声及失真。当音频数字化后，失真及噪声只在数字和模拟转换之间产生。

数字音频从模拟信号中采样并转换，转换成二进制的信号，并以二进制式的电子、磁力或光学信号存储，而非连续性的时间、连续的电子或机电信号。这些信号还会更进一步被编码，以便修正存储或传输时产生的错误，然而在数字化的过程中，这个为了校正错误的编码步骤并非严谨的一部分。在广播或者所录制的数字系统中，以这个频道编码的处理方式来避免数字信号的流失是必要的一环。在信号出现错误时，离散的二进制信号中允许编码器播出重建后的模拟信号。频道编码的其中一例就是 CD 所使用的 8:14 调变。

1.2　常用数字音视频格式介绍

音视频的格式，特别是数字音视频的格式非常多样，每一种格式的特点及优缺点各不相同。了解音视频格式类型，可以帮助用户更快地掌握视频输出功能。下面便将对目前常见的一些音视频编码技术和文件格式进行简单介绍。

1.2.1　常见的视频格式

现如今，视频编码技术的不断发展，使视频文件的格式种类也变得极为丰富。为了更好地编辑影片，必须熟悉各种常见的视频格式，以便在编辑影片时能够灵活使用不同格式的视频素材，或者根据需要将制作好的影视作品输出为最为适合的视频格式。

1. MPEG/MPG/DAT

MPEG/MPG/DAT 类型的视频文件都是由 MPEG 编码技术压缩而成的视频文件，被广泛应用于 VCD/DVD 和 HDTV 的视频编辑与处理等技术中。其中，VCD 内的视频文件由 MPEG1 编码技术压缩而成（刻录软件会自动将 MPEG1 编码的视频文件转换为 DAT 格式）；DVD 内的视频文件则由 MPEG2 压缩而成。

2. AVI

AVI 是由微软公司研发的视频格式，其优点是允许影像的视频部分和音频部分交错在一起同步播放，调用方便、图像质量好，缺点是文件体积过于庞大。

3. MOV

这是由 Apple 公司研发的一种视频格式，是基于 QuickTime 音视频播放软件的配套格式。在 MOV 格式刚刚出现时，该格式的视频文件仅能够在 Apple 公司所生产的 Mac 计算机上进行播放。此后，Apple 公司推出了基于 Windows 操作系统的 QuickTime 软件，MOV 格式也逐渐成为使用较为广泛的视频文件格式。

4. RM/RMVB

这是按照 Real Networks 公司所制定的音频 / 视频压缩规范而创建的视频文件格式。其中，RM 格式的视频文件只适于本地播放，而 RMVB 除了能够进行本地播放外，还可通过互联网进行流式播放，从而使用户只需进行极短时间的缓冲，便可不间断地长时间欣赏影视节目。

5. WMV

这是一种可在互联网上实时传播的视频文件类型，其主要优点在于：可扩充的媒体类型、本地或网络回放、可伸缩的媒体类型、流的优先级化、多语言支持、扩展性等。

6. ASF

ASF（Advanced Streaming Format，高级流格式）是 Microsoft 为了和现在的 Real Networks 竞争而开发出来的一种可直接在网上观看视频节目的文件压缩格式。ASF 使用了 MPEG4 压缩算法，其压缩率和图像的质量都很不错。

1.2.2　常见的音频格式

在影视作品中，除了使用影视素材外，还需要大量的音频文件，从而增加影视作品的听觉效果。因此，熟悉常见的音频格式也非常重要。

1. WAV

WAV 音频文件也称为"波形文件"，是 Windows 操作系统存放数字声音的标准格式。WAV 音频文件是目前最具通用性的一种数字声音文件格式，几乎所有的音频处理软件都支持 WAV 格式。由于该格式文件存放的是没有经过压缩处理，而直接对声音信号进行采样得到的音频数据，所以 WAV 音频文件的音质在各种音频文件中是最好的，同时它的体积也是最大的，1 分钟 CD 音质的 WAV 音频文件大约有 10MB。由于 WAV 音频文件的体积过于庞大，所以不适合于在网络上传播。

2. MP3

MP3（MPEG-AudioLayer3）是一种采用了有损压缩算法的音频文件格式。由于 MP3 在采用心理声学编

码技术的同时结合了人们的听觉原理，因此剔除了将某些人耳分辨不出的音频信号，从而实现了高达 1:12 或 1:14 的压缩比。

此外，MP3 还可以根据不同需要采用不同的采样率进行编码，如 96kbps、112kbps、128kbps 等。其中，使用 128kbps 采样率所获得的 MP3 音质非常接近于 CD 音质，但其大小仅为 CD 音乐的 1/10，因此成为目前最为流行的一种音乐文件。

3．WMA

WMA 是微软公司为了与 Real Networks 公司的 RA，以及 MP3 竞争而研发的新一代数字音频压缩技术，其全称为 Windows Media Audio，特点是同时兼顾了高保真度和网络传输的需求。从压缩比来看，WMA 比 MP3 更优秀，同样音质的 WMA 文件的大小是 MP3 文件的一半或更少，而相同大小的 WMA 文件又比 RA 的质量好。总体来说，WMA 音频文件既适合在网络上用于数字音频的实时播放，同时也适用于在本地计算机上进行音乐播放。

4．MIDI

严格来说，MIDI 并不是一种数字音频文件格式，而是电子乐器与计算机之间进行通信的一种标准。在 MIDI 文件中，不同乐器的音色都被事先采集下来，每种音色都有一个唯一的编号，当所有参数都编码完毕后，就得到了 MIDI 音色表。在播放时，计算机软件即可通过参照 MIDI 音色表的方式将 MIDI 文件数据还原为电子音乐。

1.3　数字视频编辑基础

随着 DV 的流行、普及，非线性编辑一词越来越被大家熟悉。非线性编辑从狭义上讲，是指剪切、复制和粘贴素材无须在存储介质上重新安排它们，而传统的录像带编辑、素材存放都是有次序的，必须反复搜索，并在另一个录像带中重新安排它们，因此称为"线性编辑"；从广义上讲，非线性编辑是指在用计算机编辑视频的同时，还能实现诸多的处理效果，例如特技等。

1.3.1　线性编辑与非线性编辑

在电影电视技术的发展过程中，视频节目的制作先后经历了"物理剪辑"、"电子编辑"和"数字编辑"3 个不同的发展阶段，其编辑方式也先后出现了线性编辑和非线性编辑。接下来，将分别介绍这两种不同的视频编辑方式。

1．线性编辑

线性编辑是一种按照播出节目的需求，利用电子手段对原始素材磁带进行顺序剪接处理，从而形成新的连续画面的技术。在线性编辑系统中，工作人员通常使用组合编辑手段将素材磁带顺序编辑后，以插入编辑片段的方式对某一段视频画面进行同样长度的替换。因此，当人们需要删除、缩短或加长磁带内的某一段视频片段时，线性编辑便无能为力了。

在以磁带为存储介质的"电子编辑"阶段，线性编辑是一种最为常用且重要的视频编辑方式，其特点如下。

■　技术成熟、操作简便

线性编辑所使用的设备主要有编辑放像机和编辑录像机，但根据节目需求还会用到多种编辑设备。不过，由于在进行线性编辑时可以直接、直观地对素材录像带进行操作，因此整体操作较为简单。

■　**编辑过程烦琐，只能按时间顺序进行编辑**

在线性编辑过程中，素材的搜索和录制都必须按时间顺序进行，编辑时只有完成前一段编辑后，才能开始编辑下一段。

为了寻找合适的素材，工作人员需要在录制过程中反复前卷和后卷素材磁带，这样不但浪费时间，还会对磁头、磁带造成一定的磨损。重要的是，如果要在已经编辑好的节目中插入、修改或删除素材，都要严格受到预留时间、长度的限制，无形中给节目的编辑增加了许多麻烦，同时还会造成资金的浪费。最终的结果便是，如果不花费一定的时间，便很难制作出艺术性强、加工精美的电视节目。

■　**线性编辑系统所需设备较多**

在一套完整的线性编辑系统中，所要用到的编辑设备包括编辑放映机、编辑录像机、遥控器、字幕机、特技器、时基校正器等设备。要全套购买这些设备，不仅投资较高，而且设备间的连线多、故障率也较高，重要的是出现故障后的维修也较为复杂。

> **提示**
>
> 在线性视频编辑系统中，各设备间的连线分为视频线、音频线和控制线 3 种类型。

2．非线性编辑

进入 20 世纪 90 年代后，随着计算机软硬件技术的发展，计算机在图形图像处理方面的技术逐渐增强，应用范围也覆盖至广播电视的各个领域。随后，出现了以计算机为中心，利用数字技术编辑视频节目的方式，非线性视频编辑由此诞生。

从狭义上讲，非线性编辑是指剪切、复制和粘贴素材时，无须在存储介质上对其进行重新安排的视频编辑方式；从广义上讲，非线性编辑是指在编辑视频的同时，还能实现诸多效果，例如添加视觉特技、更改视觉效果等操作的视频编辑方式。

与线性编辑相比，非线性编辑的特点主要集中体现在以下几个方面。

■　**素材浏览**

在查看素材时，不仅可以瞬间开始播放，还可以使用不同速度进行播放，或实现逐幅播放、反向播放等。

■　**编辑点定位**

在确定编辑点时，用户既可以手动操作进行粗略定位，也可以使用时码精确定位编辑点。由于不再需要花费大量时间来搜索磁带，因此大幅提高了编辑效率，如图 1-12 所示。

图 1-12　视频编辑素材上的各种标记

■ **调整素材长度**

非线性编辑允许用户随时调整素材长度，并且可以通过时码标记实现精确编辑。此外，非线性编辑方式还吸取了电影剪接时简便、直观的优点，允许用户参考编辑点前后的画面，以便直接进行手工剪辑。

■ **素材的组接**

在非线性编辑系统中，各段素材间的相互位置可以随意调整。因此，用户可以在任何时间段删除节目中的一个或多个片段，或向节目中的任意位置插入一段新的素材。

■ **素材的复制和重复使用**

在非线性编辑系统中，由于用到的所有素材全都以数字格式进行存储，因此在复制素材时不会引起画面质量的下降。此外，同一段素材可以在一个或多个节目中反复使用，而且无论使用多少次都不会影响画面质量。

■ **便捷的效果制作功能**

在非线性编辑系统中制作特技时，通常可以在调整特技参数的同时观察特技对画面的影响，如图 1-13 所示。此外，根据节目需求，人们可以随时扩充和升级软件的效果模块，从而增加新的特技功能。

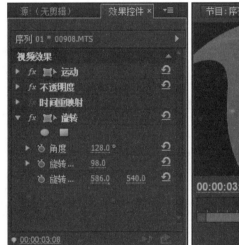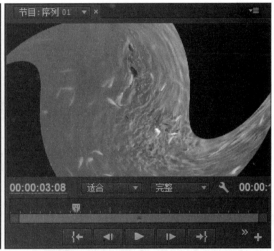

图 1-13　轻松制作特技效果

提示

非线性编辑系统中的特技效果独立于素材本身出现。也就是说，用户不仅可以随时为素材添加某种特殊效果，还可以随时去除该效果，以便将素材还原至最初的样式。

■ **声音编辑**

基于计算机的非线性编辑系统能够方便地从 CD 光盘、MIDI 文件中采集音频素材。而且，在使用编辑软件进行多轨声音的合成时，也不会受到总音轨数量的限制。

■ **动画制作与合成**

由于非线性编辑系统的出现，动画的逐帧录制设备已被淘汰。而且，非线性编辑系统除了可以实时录制动画以外，还能够通过抠像的方法实现动画与实拍画面的合成，从而极大地丰富了影视节目制作手段，如图 1-14 所示。

图 1-14　由动画明星和真实人物共同"拍摄"的电影

1.3.2　非线性编辑系统的构成

　　非线性编辑的实现，要靠软件与硬件两方面的共同支持，而两者间的组合便称为"非线性编辑系统"。目前，一套完整的非线性编辑系统，其硬件部分至少应包括一台多媒体计算机，此外还需要视频卡、IEEE 1394 卡，以及其他专用卡（如特技卡）和外围设备，如图 1-15 所示。

　　其中，视频卡用于采集和输出模拟视频，也就是担负着模拟视频与数字视频之间相互转换的功能，如图 1-16 所示，即为一款视频卡。

图 1-15　非线性编辑系统中的部分硬件设备　　　　图 1-16　非线性编辑系统中的视频卡

　　从软件上看，非线性编辑系统主要由非线性编辑软件、二维动画软件、三维动画软件、图像处理软件和音频处理软件等外围软件构成。

提示

现如今，随着计算机硬件性能的提高，编辑处理视频对专用硬件设备的依赖越来越小，而软件在非线性编辑过程中的作用则日益突出。因此，熟练掌握一款像 Premiere Pro 之类的非线性编辑软件便显得尤为关键。

1.3.3 非线性编辑的工作流程

无论是在哪种非线性编辑系统中，其视频编辑工作流程都可以简单地分为输入、编辑和输出 3 个步骤。当然，由于不同非线性编辑软件在功能上的差异，上述步骤还可以进一步细化。接下来，我们将以 Premiere Pro 为例，简单介绍非线性编辑视频时的整个工作流程。

1. 素材采集与输入

素材是视频节目的基础，因此收集、整理素材后将其导入编辑系统，便成为正式编辑视频节目前的首要工作。利用 Premiere Pro 的素材采集功能，用户可以方便地将磁带或其他存储介质上的模拟音 / 视频信号转换为数字信号后存储在计算机中，并将其导入至编辑项目，使其成为可以处理的素材。

> **提示**
>
> 在采集数字格式的音 / 视频素材文件时，Premiere Pro 所进行的操作只是将其"复制 / 粘贴"至计算机中的某个文件夹内，并将这些数字音 / 视频文件添加至视频编辑项目中。

除此之外，Premiere Pro 还可以将其他软件处理过的图像、声音等素材直接纳入到当前的非线性编辑系统中，并将上述素材应用于视频编辑的过程中。

2. 素材编辑

多数情况下，并不是素材中的所有部分都会出现在编辑完成的视频中。很多时候，视频编辑人员需要使用剪切、复制、粘贴等方法，选择素材内最合适的部分，然后按一定顺序将不同素材组接成一段完整视频，而上述操作便是编辑素材的过程。如图 1-17 所示，即为视频编辑人员在对部分素材进行编辑时的软件截图。

图 1-17　编辑素材中的软件截图

3. 特技处理

由于拍摄手段与技术及其他原因的限制，很多时候人们都无法直接得到所需要的画面效果。例如，在含有航空镜头的影片中，很多镜头便无法通过常规方法来获取。此时，视频编辑人员便需要通过特技处理的方式，向观众呈现此类很难拍摄或根本无法拍摄到的画面效果，如图 1-18 所示。

图 1-18　视频中的合成效果

> **提示**
>
> 对于视频素材而言，特技处理包括过渡、效果、合成、叠加；对于音频素材，特技处理包括过渡、效
> 果等。

4．添加字幕

　　字幕是影视节目的重要组成部分，在该方面 Premiere Pro 拥有强大的字幕制作功能，操作也极其简便，
如图 1-19 所示。

图 1-19　Premiere 字幕处理系统

5．输出影片

　　视频节目在编辑完成后即可输出到录像带上了。当然，根据需要也可以将其输出为视频文件，以便
发布到网上，或者直接刻录成 VCD 光盘、DVD 光盘等，如图 1-20 所示，为输出为视频文件。

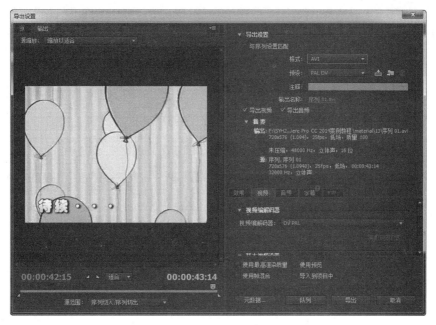

图 1-20　将编辑项目输出为视频

1.3.4　非线性编辑的优势

从非线性编辑系统的作用来看，它能集录像机、切换台、数字特技机、编辑机、多轨录音机、调音台、MIDI 创作、时基等设备于一身，几乎包括了所有的传统后期制作设备。这种高度的集成性，使得非线性编辑系统的优势更为明显。因此它能在广播电视界占据越来越重要的地位，一点也不令人奇怪。概括地说，非线性编辑系统具有信号质量高、制作水平高、节约投资、保护投资、网络化等方面的优越性。

使用传统的录像带编辑节目，素材磁带要磨损多次，而机械磨损也是不可弥补的。另外，为了制作特技效果，还必须"翻版"，每"翻版"一次就会造成一次信号损失。最终，为了质量的考虑，往往不得不忍痛割爱，放弃一些很好的艺术构思和处理手法。而在非线性编辑系统中，无论如何处理或者编辑这些缺陷是不存在的。复制多少次，信号质量都将是始终如一的。当然，由于信号的压缩与解压缩编码，多少存在一些质量损失，但与"翻版"相比，损失已大大减小。一般情况下，采集信号的质量损失小于转录损失的一半。由于系统只需要一次采集和一次输出，因此，非线性编辑系统能保证得到相当于模拟视频第二版质量的节目带，而使用模拟编辑系统，绝不可能有这么高的信号质量。

使用传统的编辑方法，为制作一个十几分钟的节目，往往要面对长达四五十分钟的素材带，反复进行审阅、比较，然后将所选择的片段编辑组接，并进行必要的转场、特技处理，在这其中包含大量的机械性重复劳动。而在非线性编辑系统中，大量的素材都存储在硬盘上，可以随时调用，不必费时费力地逐帧寻找。素材的搜索极其容易，不用像传统的编辑机那样来回倒带。用鼠标拖曳一个滑块，就能瞬间找到需要的那一帧画面，搜索、打点易如反掌。整个编辑过程就像文字处理一样，既灵活又方便。同时，多种多样、花样翻新、可自由组合的特技方式，使制作的节目丰富多彩，将制作水平提高到了一个新的层次。

非线性编辑系统对传统设备的高度集成，使后期制作所需的设备降至最少，有效地节约了投资。而且由于是非线性编辑，只需要一台录像机，在整个编辑过程中，录像机只需要启动两次，一次输入素材，一次录制节目带。这样就避免了磁鼓的大量磨损，使录像机的寿命大大延长。

影视制作水平的提高，总是对设备不断地提出新的要求，这一矛盾在传统编辑系统中很难解决，因为这需要不断投资。而使用非线性编辑系统，则能较好地解决这一矛盾。非线性编辑系统所采用的是易于升级的开放式结构，支持许多第三方的硬件、软件。通常，功能的增加只需要通过软件的升级就能实现。

　　网络化是计算机的一大发展趋势，非线性编辑系统可充分利用网络方便地传输数码视频，实现资源共享，还可以利用网络上的计算机协同创作，对于数码视频资源的管理、查询，更是易如反掌。目前在一些电视台中，非线性编辑系统都在利用网络发挥着更大的作用。

第 2 课 Premiere Pro CC 2014 概述

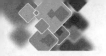
Premiere Pro CC 2014 概述

Premiere Pro 是视频编辑爱好者和专业人士必不可少的视频编辑工具，它提供了采集、剪辑、调色、美化音频、字幕添加、输出、DVD 刻录的一整套流程，使其足以完成在编辑、制作、工作流上遇到的所有挑战，满足创建高质量作品的要求。而在使用 Premiere Pro 进行视频编辑之前，首先要了解 Premiere Pro 的工作环境，以及最基本的项目文件操作方法。

技术要点：

- ◆ Premiere Pro 主要功能
- ◆ Premiere Pro CC 2014 新增功能
- ◆ Premiere Pro CC 2014 工作环境
- ◆ 项目创建与保存操作

2.1 Premiere Pro 简介

Premiere Pro 是一款常用的视频编辑软件，还是一款编辑画面质量比较好的软件，该软件广泛应用于广告制作与电视节目制作中，并逐渐延伸到家庭视频编辑中。

2.1.1 Premiere Pro 的主要功能

作为一款应用广泛的视频编辑软件，Premiere Pro 具有从前期素材采集到后期素材编辑与效果制作等一系列功能，为人们制作高品质数字视频作品提供了完整的创作环境。

1. 剪辑与编辑素材

Premiere Pro 拥有多种素材编辑工具，让用户能够轻松剪除视频素材中的多余部分，并对素材的播放速度、排列顺序等内容进行调整。

2. 制作效果

Premiere Pro 预置有多种不同效果、不同风格的音视频效果滤镜。在为素材应用这些效果滤镜后，可以实现曝光、扭曲画面、立体相册等众多效果，如图 2-1 所示。

3. 为相邻素材添加过渡

Premiere Pro 拥有闪白、黑场、淡入淡出等多种不同类型、不同样式的视频过渡效果，能够让各种样式的片段实现自然过渡。如图 2-2 所示，即为两张素材图片在使用"百叶窗"过渡后的变换效果。

图 2-1　为素材应用效果滤镜

图 2-2　在素材间应用过渡效果

高手支招

在实际编辑视频素材的过程中，在两个素材片段之间应用过渡时必须谨慎，以免给观众造成突兀的感觉。

4. 创建与编辑字幕

　　Premiere Pro 拥有多种创建和编辑字幕的工具，灵活运用这些工具能够创建出各种效果的静态字幕和动态字幕，从而使影片内容更加丰富，如图 2-3 所示。

5. 编辑、处理音频素材

　　声音也是现代影视节目中的一个重要组成部分，为此 Premiere Pro 也为用户提供了强大的音频素材编辑与处理功能。在 Premiere Pro 中，用户不仅可以直接修剪音频素材，还可以制作出淡入淡出、回声等不同的音响效果，如图 2-4 所示。

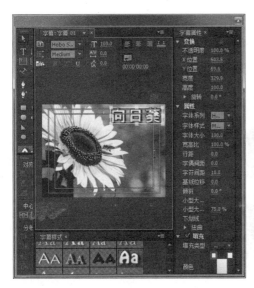

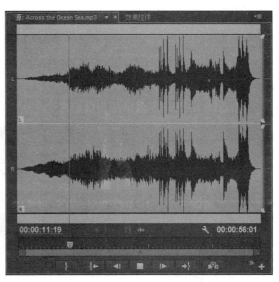

图 2-3　创建字幕　　　　　　　　　　　图 2-4　对音频素材进行编辑操作

6．影片输出

当整部影片编辑完成后，Premiere Pro 可以将编辑后的众多素材输出为多种格式的媒体文件，如 AVI、MOV 等格式的数字视频，如图 2-5 所示。或者，将素材输出为 GIF、TIFF、TGA 等格式的静态图片后，再借助其他软件做进一步的处理。

图 2-5　导出影视作品

2.1.2　Premiere Pro CC 2014 的新增功能

Premiere Pro CC 2014 作为 Premiere Pro 系列软件中的最新版本，Adobe 公司在其中提供了新的剪辑效果，以及多项新功能和增强功能，这些变化使视频后期制作工作流程更加方便、快捷，还实现了 Premiere Pro 与 After Effects 更紧密的集成。

1．蒙版与跟踪

一直都说 Premiere Pro 与 After Effects 是相辅相成的，这在 Premiere Pro CC 2014 版本中得到了更好的验证。在该版本中，引入了 After Effects 中的蒙版功能，并且还增加了自动跟踪功能。如图 2-6 所示为视频中的局部马赛克效果。

图 2-6　蒙版跟踪

2．实时文本模板

Premiere Pro CC 2014 与 After Effects 更紧密的集成，还表现在新增的实时文本模板方面。那就是在 After Effects 中制作的文字特效，可以在 Premiere Pro 中应用，并且无须返回 After Effects 就可以对合成中文本层进行任何更改，且不会影响文本周围的图像或图形。如图 2-7 所示为编辑 After Effects 文本模板中的文字效果。

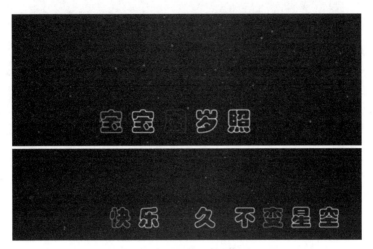

图 2-7　实时文本模板

3．主剪辑

在以前的 Premiere 版本中，效果只能够添加在序列中，如果一段视频素材被分成多段，那么还需要在时间轴上的不同视频段上添加效果。在该软件的最新版本中，效果可以直接添加在视频素材中，即使被分成多段视频，也不会影响添加后的效果展示，如图 2-8 所示。

图 2-8　主剪辑与序列

在 Premiere Pro CC 2014 版本中，还新增了其他方面的功能，例如时间轴上新增了编辑按钮、编辑命令中新增了反转匹配帧选项，以及与音频相关的增强功能，这些内容会在后面的章节中详细介绍。

2.2　工作空间

视频剪辑不仅是视频组合，还包含了视频特效添加、音频特效添加，以及视频画面色彩特效添加等操作。所以 Premiere Pro 的工作环境，根据不同的剪辑重点提供了相应的工作环境，以提高其工作效率。

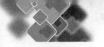

2.2.1 Premiere Pro 鸟瞰

当启动 Adobe Premiere Pro CC 2014 后,首先弹出欢迎屏幕,如图 2-9 所示。在该界面中,除了固定的"新建"、"打开项目"与"了解"图标外,还列出了"打开最近项目"的常用文件。

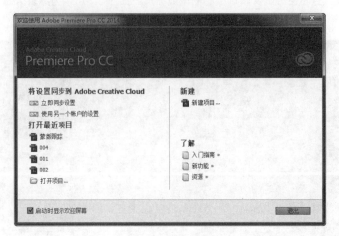

图 2-9 欢迎屏幕

此时,单击上图中的某个图标,或者直接单击"打开最近项目"列表中的某个文件名称,即可进入 Premiere 编辑环境中,也是 Premiere 的工作界面,如图 2-10 所示。

图 2-10 Premiere Pro CC 2014 工作界面

在 Premiere Pro CC 2014 界面中包括"项目"、"节目"、"时间轴"、"工具栏"等各种面板,下面分别介绍各面板的主要功能。

▷ "项目"面板:该面板主要分为三个部分,分别为素材属性区、素材列表和工具按钮。其主要作用是管理当前编辑项目内的各种素材资源,此外还可以在素材属性区域内查看素材属性并快速预览部分素材的内容。

> "时间轴"面板：该面板是对音视频素材进行编辑操作时的主要场所之一，由视频轨道、音频轨道和一些工具按钮组成。

> "节目"监视器面板：该面板用于在用户编辑影片时预览操作结果，该面板由监视器窗口、当前时间指示器和影片控制按钮组成。

> "源"监视器面板：该面板用于显示某个文件，以及在该面板中剪辑、播放该文件。

> "音频计量器"面板：该面板用于显示播放"时间轴"面板中视频片段中的音频波动情况。

> "工具栏"：其主要用于对时间轴上的素材进行剪辑、添加或移除关键帧等操作。

> "效果控件"面板：该面板用于设置选中剪辑的各种设置，例如缩放、位置、不透明度，以及添加的效果选项。

2.2.2 配置工作环境

在 Premiere Pro CC 2014 中，系统为用户预置了 7 套不同的工作区布局方案，以便用户在进行不同类型的编辑工作时，能够达到更高的工作效率。要得到这 7 套不同工作布局方案，执行"窗口"¦"工作区"子菜单中的命令即可。

"编辑"工作区布局方案是 Premiere Pro CC 2014 默认使用的工作区布局方案，其特点在于该布局方案为用户进行项目管理、查看源素材和节目播放效果、编辑时间轴等多项工作进行了布局优化，使用户在进行此类操作时能够快速找到所需的面板或工具，而习惯旧版本操作布局的用户，则可以执行"窗口"¦"工作区"¦"编辑（CS5.5）"命令，显示旧版本的布局位置，如图 2-11 所示。

"元数据记录"工作区布局方案以"项目"面板和"元数据"面板为主，以方便用户管理素材，如图 2-12 所示。

图 2-11　"编辑（CS5.5）"工作区

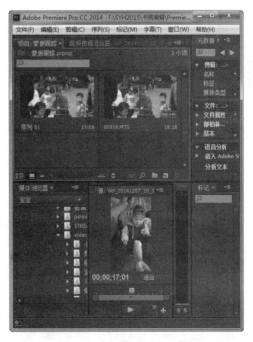

图 2-12　"元数据记录"工作区

"效果"工作区布局方案侧重于对素材进行效果类的处理，因此在工作界面中以"效果控件"面板、"节目"监视器面板和"时间轴"面板为主，如图 2-13 所示。

"色彩校正"工作区布局方案多在调整影片色彩时使用，在整个工作环境由"效果"面板和 3 个不同的监视器面板所组成，如图 2-14 所示。

图 2-13　"效果"工作区

图 2-14　"色彩校正"工作区

"音频"工作区布局方案是一种侧重于音频编辑的工作区布局方案，因此整个界面以"音轨混合器"面板为主，用于显示素材画面的"节目"监视器面板反倒变得不是那么重要，如图 2-15 所示。

"组件"工作区布局方案是 Premiere Pro CC 2014 新增的工作布局方案，也是所有工作布局中最简单的方案。主要用于多个视频的简单组合，所以一切用于视频特效的面板被隐藏，只显示了"项目"、"节目"、"时间轴"与工具箱 4 个面板，如图 2-16 所示。

图 2-15　"音频"工作区

图 2-16　"组件"工作区

2.3 创建并配置文件

任何的视频均需要通过载体进行编辑，在 Premiere Pro 中载体就是项目与序列。"项目"是为视频文件编辑处理而提供的框架，在该框架中可以导入各种媒体素材，并创建各种视频中的元素；"序列"则是项目中的其中一个元素，其作用就是剪辑素材。

2.3.1 创建与设置项目

在 Premiere Pro CC 2014 中，所有的影视编辑任务都以项目的形式呈现，因此创建项目文件是 Premiere 软件进行视频制作的首要工作。为此，Premiere 为我们提供了多种创建项目的方法。

启动 Premiere Pro CC 2014 后，系统将自动弹出欢迎界面。在该界面中，系统列出了部分最近使用的项目，以及"打开项目"、"新建项目"和"了解"这 3 个不同功能的按钮，如图 2-17 所示。此时只需单击"新建项目"按钮，即可创建项目。

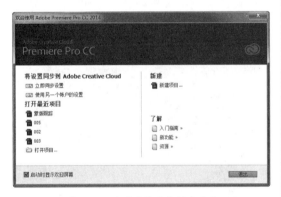

图 2-17 在欢迎界面中创建项目

另外，也可以在 Premiere Pro CC 2014 主界面内新建项目。在菜单栏中执行"文件"┆"新建"┆"项目"命令（快捷键为 Ctrl+Alt+N），即可新建项目。

> **提示**
>
> 在欢迎界面中，直接单击"退出"按钮后，系统将退出 Premiere Pro CC 2014 软件。

执行创建项目的命令后，系统将自动弹出"新建项目"对话框。在该对话框中，可以对项目的配置信息进行一系列设置，使其满足用户在编辑视频时的基本工作环境。

1. 设置常规信息

在默认情况下，显示"新建项目"对话框的"常规"选项卡。设置项目文件的名称和保存位置，还可以对视频画面安全区、音/视频显示格式等选项进行调整，如图 2-18 所示。

图 2-18 "新建项目"对话框中的"常规"选项卡

在"常规"选项卡中，各个选项的含义与功能说明如下：

> ▷ 视频/音频显示格式：在"视频"和"音频"选项组中，"显示格式"选项的作用都是设置素材文件在项目内的标尺单位。

> ▷ 捕捉格式：当需要从摄像机等设备内获取素材时，"捕捉格式"选项的作用便是要求 Premiere Pro 以规定的采集方式来获取素材内容。

另外，可在 Premiere Pro CC 2014 主界面中执行"项目"┆"项目设置"┆"常规"命令，弹出"常规"对话框，除了名称和保存位置选项，还可以进行其他设置。

2. 配置暂存盘

接下来，在"新建项目"对话框内选择"暂存盘"选项卡，以便设置采集到的音/视频素材、视频预览文件和音频预演文件的保存位置，单击"新建项目"对话框中的"确定"按钮，即可完成项目文件的创建工作，如图 2-19 所示。

图 2-19　"新建项目"对话框中的"暂存盘"选项卡

指点迷津

在"暂存盘"选项卡中，由于各个临时文件夹的位置被记录在项目中，因此严禁在项目设置完成后更改所设临时文件夹的名称与保存位置，否则将造成项目所用文件的链接丢失，导致无法进行正常的项目编辑工作。

当单击"新建项目"对话框中的"确定"按钮后，即可在 Premiere 的工作界面中创建空白项目，如图 2-20 所示。

图 2-20　空白项目

2.3.2　创建与设置序列

Premiere 内所有组接在一起的素材，以及这些素材所应用的各种滤镜和自定义设置，都必须被放置在一个被称为"序列"的 Premiere 项目元素内。从此可以看出序列对项目的重要性，因为只有当项目内拥有序列时，用户才可以进行影片的编辑操作。在 Premiere Pro CC 2014 中，序列的创建是单独操作的。当创建项目后，在 Premiere 中只能够导入素材，并不能编辑素材。

1.　新建序列命令

新建项目文件后，执行"文件"|"新建"|"序列"命令（快捷键 Ctrl+N），Premiere 将自动弹出"新建序列"对话框。在默认显示的"序列预置"选项卡中，Premiere 分门别类地列出了众多序列预置方案，在选择某种预置方案后，还可以在右侧的文本框内查看相应的方案描述信息与部分参数，如图 2-21 所示。

图 2-21　"新建序列"对话框

如果 Premiere 提供的预置方案都不符合需求，还可以通过调整"设置"与"轨道"选项卡内各序列参数的方式，自定义序列配置信息。在"设置"选项卡中，用户可以对序列所采用的编辑模式、时间基准，以及视频画面和音频所采用的标准进行调整，如图 2-22 所示。

高手支招

根据选项的不同，部分序列配置选项将呈灰色未激活状态（无效或不可更改）。如果需要自定义所有序列配置参数，则应在"编辑模式"下拉列表内选择"桌面编辑模式"选项。

图 2-22 "设置"选项卡

"设置"选项卡中的各个选项含义及作用如下：

▷ 编辑模式：设定新序列将要以哪种序列预置方案为基础，来设置新的序列配置方案。

▷ 时基：设置序列所应用的帧速率标准，设置时应根据目标播出设备的规则进行调整。

▷ 视频：调整与视频画面有关的各项参数，其中的"画面大小"选项用于设置视频画面的分辨率；"像素纵横比"下拉列表内则根据编辑模式的不同，通过了 0.9091、1.0、1.2121、1.333、1.5、2.0 等多种选项供用户选择；"场"选项，用于设置扫描方式（隔行扫描或逐行扫描）；"显示格式"选项用于设置序列中的视频标尺单位。

▷ 音频：该选项组中的"采样率"用于统一控制序列内的音频文件采样率，而"显示格式"选项则用于调整序列中的音频标尺单位。

▷ 视频预览：在该选项组中，"预览文件格式"用于控制 Premiere 将以哪种文件格式来生成相应序列的预览文件。当采用 Microsoft AVI 作为预览文件格式时，还可以在"编码"下拉列表内挑选生成预览文件时采用的编码方式。此外，在启用"最大位数深度"和"最高渲染品质"复选框后，可以提高预览文件的质量。

完成"设置"选项卡中的设置后，选择"轨道"选项卡。在这里，用户可以对序列所包含的音/视频轨道的数量和类型进行配置。另外，可以单击"保

存设置"选项，对序列设置进行名称和描述设置，并进行序列形式存储，如图 2-23 所示。

图 2-23 "轨道"选项卡

2. 在项目内新建序列

作为编辑影片时的重要对象之一，一个序列往往无法满足用户编辑影片的需要。除了执行"序列"命令外，还可以在"项目"面板内单击"新建项"按钮，选择"序列"选项，从而打开"新建序列"对话框创建新的序列，如图 2-24 所示。

图 2-24 在"项目"面板创建更多的序列

2.3.3 课堂练一练：新建空白文件

无论是制作图像效果还是视频效果，均需要创建文件作为载体。通常情况下，简单的一步即可创建载体文件。Premiere 中的空白文件并不是一次

性创建完成的，而是通过一系列的选项设置创建完成的。

步骤 01 启动 Premiere Pro CC 2014 后，系统将自动弹出欢迎界面。在该界面中，单击"新建项目"按钮，即可弹出"新建项目"对话框。在"名称"文本框中输入视频文件名称，如图 2-25 所示。

图 2-25 "新建项目"对话框

步骤 02 在该对话框中，单击"确定"按钮关闭该对话框，即可创建空白的项目，如图 2-26 所示。

图 2-26 空白项目

步骤 03 执行"文件"|"新建"|"序列"命令，弹出"新建序列"对话框。在该对话框中选择序列的预设设置，如图 2-27 所示。

图 2-27 设置序列预设

步骤 04 单击"确定"按钮关闭"新建序列"对话框后，即可在"项目"面板中创建空白视频文件，如图 2-28 所示。

图 2-28 新建序列

高手支招

在创建 Premiere 文件的同时，就已经将其保存。按快捷键 Ctrl+S，无须再次设置文件保存路径，即可将更新后的编辑操作添加至项目文件内。

2.4 保存和打开项目

　　制作任何项目都必须随时进行文件保存，这样才能够避免发生意外情况时影响整个制作项目的工作进度，或者后期进行重新剪辑等操作。而打开操作则只是针对 .prproj 格式的文件，其他格式的文件只能够通过导入的方式引入到项目中。

2.4.1 保存项目文件

由于 Premiere Pro CC 2014 软件在创建项目之初，便已经要求用户设置项目的保存位置，因此在保存项目文件时无须再次设置文件保存路径。此时，用户只需执行"文件"¦"保存"命令，即可将更新后的编辑操作添加至项目文件内。

1. 保存项目副本

在编辑影片的过程中，如果需要阶段性的保存项目文件，选择保存项目副本是一个不错的主意。执行"文件"¦"保存副本"命令，即可在弹出的"保存项目"对话框中，设置项目副本的文件名称与保存位置，如图 2-29 所示。

图 2-29　保存项目副本

> **提示**
>
> 当指定按定期间隔进行自动保存时，Premiere Pro 会在检测到对项目文件的更改时自动保存项目。不管是否手动保存对项目的更改，都会进行自动保存。而在较低版本中，如果在间隔设置内进行手动保存，则 Premiere 不会执行自动保存。

2. 项目文件存储为

除了保存项目副本外，项目存储为文件也可以起到生成项目副本的目的。操作时，执行"文件"¦"另存为"命令，即可在弹出的"保存项目"对话框中，使用新的名称保存项目文件，如图 2-30 所示。

图 2-30　项目文件另存为

2.4.2 打开项目

打开 Premiere 项目文件的方法多种多样，例如在资源管理器内双击项目文件，或通过 Premiere 欢迎界面中的"打开项目"选项来打开项目文件等。此外，我们还有多种打开项目文件的方法。

1. 打开最近使用项目

启动 Premiere 后，Premiere 欢迎界面中会列出部分最近使用过的影片编辑项目。此时，只需单击项目名称，即可打开相应的影片编辑项目，如图 2-31 所示。

图 2-31　通过欢迎界面打开最近使用的项目

2. 通过菜单命令打开项目

在打开某一项目的情况下，执行"文件"¦"打开项目"命令，即可在弹出的"打开项目"对话框中，选择所要打开的项目文件，如图 2-32 所示。

提示

在 Premiere 软件中，只能编辑一个项目，因此在打开新项目的同时，将自动关闭当前项目。此时，如果当前项目内还有未保存的编辑操作，则 Premiere 还会提示用户进行保存。

除此之外，用户还可以通过执行"文件"|"打开最近项目"子菜单内命令的方式，快速打开最近打开过的项目。

图 2-32　通过菜单命令打开项目

2.5　习题测试

1.填空题

（1）启动 Premiere Pro CC 2014 后，直接单击欢迎界面中的"＿＿＿＿＿"按钮，即可创建新的影片编辑项目。

（2）在 Premiere Pro CC 2014 中，执行"编辑"|"首选项"|"＿＿＿＿＿"命令，能够改变界面的颜色。

2.选择题

（1）"窗口"|"工作区"|"编辑"命令的快捷键是＿＿＿＿＿。

A．Alt+Shift+1　　　　　　　　　　B．Alt+Shift+2

C．Alt+Shift+3　　　　　　　　　　D．Alt+Shift+4

（2）保存项目副本和项目另存为的区别在于＿＿＿＿＿。

A．当前项目会随着项目另存为操作的结束而发生改变，保存项目副本则不会。

B．多数情况下，两种操作的结果相同。

C．当前项目会随着保存项目副本操作的结束而发生改变，另存为项目则不会。

D．无任何差别。

2.6　本课小结

本课主要介绍了 Premiere Pro CC 2014 的工作环境，以及项目的新建、打开与保存等操作。其中对工作环境的了解与面板的灵活组合，能够帮助用户更方便地使用 Premiere Pro CC 2014。而项目中的序列则需要单独建立，否则将无法进行视频剪辑。

第 3 课 导入与管理素材

导入与管理素材

Premiere 是用来组合、编辑视频，以及为视频添加特效的软件，要想为视频进行一系列的编辑，首先要将录制的视频导入 Premiere，这样才能进行后期操作。素材的合理导入与管理，是轻松进行素材编辑的前提。

技术要点：

◆ 采集视频
◆ 导入素材
◆ 管理素材

3.1 视频采集与录音

Premiere 中的素材可以分为两大类，一种是利用软件创作出的素材；另一种则是通过计算机从其他设备内导入的素材。这里将介绍通过采集卡导入视频素材，以及通过麦克风录制音频素材的方法。

3.1.1 采集视频

所谓"视频采集"就是将模拟摄像机、录像机、LD 视盘机、电视机输出的视频信号，通过专用的模拟或者数字转换设备，转换为二进制数字信息后存储于计算机的过程。在这个过程中，采集卡是必不可少的硬件设备，如图 3-1 所示。

图 3-1　视频采集卡

在 Premiere 中，可以通过 1394 卡或具有 1394 接口的采集卡来采集信号和输出影片。对视频质量要求不高的用户，也可以通过 USB 接口，从摄像机、手机和数码相机上接收视频。当正确配置硬件后，便可启动 Premiere，并执行"文件"|"捕捉"命令（快捷键 F5），打开"捕捉"对话框，如图 3-2 所示。

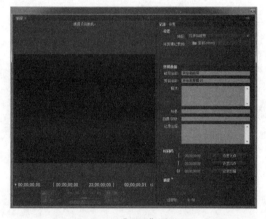

图 3-2　"捕捉"对话框

提示

此时由于还未将计算机与摄像机连接在一起，因此设备状态还是"捕捉设备脱机"，且部分选项被禁用。

在"捕捉"面板中，左侧为视频预览区域，预览区域的下方则是采集视频时的设备控制按钮。利用这些按钮，可以控制视频的播放与暂停，并设置视频素材的入点和出点。

在熟悉"捕捉"面板中的各项设置后，将计算机与摄像机连接在一起。稍等片刻，"捕捉"面板中的选项将被激活，且"捕捉设备脱机"的信息也将变成"停止"信息。此时，单击"播放"按钮，当视频画面播放至适当位置时，单击"录制"按钮，即可开始采集视频素材。

捕捉完成后，单击"录制"按钮，Premiere 将自动弹出"保存已采集素材"对话框。在该对话框中，用户可以对素材文件的名称、描述信息、场景等内容进行调整，完成后单击"确定"按钮，即可结束素材采集操作。此时，即可在"项目"面板内查看到刚刚采集获得的素材。

3.1.2　录制音频

与复杂的视频素材采集设备相比，录制音频素材所要用到的设备要简单得多。通常情况下，用户只需拥有一台计算机、一块声卡和一个麦克风即可。

通常计算机录制音频素材的方法很多，其中最为简单的就是利用操作系统自带的 Windows 录音机程序进行录制。单击"开始"按钮，并执行"所有程序"┆"附件"┆"录音机"命令，打开"录音机"程序，如图 3-3 所示。

图 3-3　"录音机"程序界面

单击"录音机"程序界面中的"开始录制"按钮后，计算机将记录从麦克风处获取的音频信息。此时，可以看到左侧"位置"选项中的时间在不断增长，如图 3-4 所示。

图 3-4　录制音频

单击上图中的"停止录制"按钮，即可弹出"另存为"对话框，将音频保存为媒体音频格式文件。将该音频文件，导入 Premiere 的"项目"面板即可。如图 3-5 所示，为导入后的音频文件。

图 3-5　导入音频文件

> **提示**
>
> Premiere 中同样能够进行音频录制，在 Premiere 中录制的音频效果更加丰富，并且不需要进行导入操作，那是因为录制的音频文件已经保存至"项目"面板中。该功能将在后面的章节中进行详细介绍。

3.2　导入与查看媒体

Premiere Pro CC 2014 专门调整了自身对不同格式素材文件的兼容性，使其支持的素材类型更为广泛。而媒体素材的导入和查看也提供了多种方式，用户可以根据自己的习惯选择适合的方式进行导入与查看。

3.2.1　利用菜单导入媒体

Premiere 中的菜单容纳了绝大部分的命令与操作，其中媒体素材的导入就可以通过"文件"┆"导入"命令进行操作。在该命令中不仅能够导入视频素材，还能导入图像及音频素材。

在 Premiere 中新建项目后，发现"项目"面板中是空白的，并提示"导入媒体以开始"，如图 3-6所示。

图 3-6　空白面板

此时执行"文件"┆"导入"命令，弹出"导入"对话框。在该对话框中，选中媒体素材文件后，单

中文版 Premiere 影视编辑课堂实录

击"打开"按钮，即可将其导入至当前项目，如图
3-7 所示。

图 3-7 "导入"对话框

将素材添加至 Premiere 后，所选素材都将显示
在"项目"面板中，如图 3-8 所示。

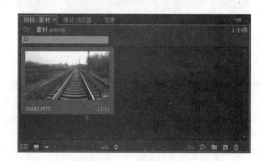

图 3-8 "项目"面板

双击"项目"面板中的素材，还可以在"源"
窗口内查看素材并进行播放，如图 3-9 所示。

图 3-9 在"源"窗口查看素材

在 Premiere 中不仅能够导入单个素材文件，还
能够导入文件夹。方法是按快捷键 Ctrl+I，再次打
开"导入"对话框。在该对话框中选中某个文件夹
后，单击"导入文件夹"按钮，如图 3-10 所示。

图 3-10 导入文件夹

此时，"项目"面板内显示的是所导入的素材
文件夹，以及该文件夹中的所有素材文件，如图 3-11
所示。

图 3-11 导入后的文件夹显示

3.2.2 课堂练一练：通过面板导入媒体

与使用菜单命令导入素材的方法相比，通过面
板导入素材的优点是能够减少烦琐的菜单操作，从
而使操作变得更高效、快捷。其中，可以分别通过
"项目"面板及"媒体浏览器"面板导入素材。

步骤 01 在 Premiere 中，新建项目后，发现"项
目"面板中是空白的。在"项目"面板的空白处双
击，以打开"导入"对话框，如图 3-12 所示。

图 3-12 "项目"面板

步骤 02 选中某个视频文件后，单击"打开"按钮，即可在"项目"面板中显示该素材，如图 3-13 所示。

图 3-13 "导入"对话框

步骤 03 切换至"媒体浏览器"面板，选中某个文件后右击，选择"导入"命令即可将该文件导入"项目"面板中，如图 3-14 所示。

图 3-14 "媒体浏览器"面板

步骤 04 再次切换至"项目"面板，即可查看从"媒体浏览器"面板中导入后的素材，如图 3-15 所示。

图 3-15 导入的视频素材

3.2.3 显示方式

为了便于用户管理素材，Premiere 共提供了"列表"与"图标"两种不同的素材显示方式。默认情况下，素材将采用"列表视图"显示在"项目"面板中，此时用户可以查看到素材名称、帧速率、视频出 / 入点、素材长度等众多素材信息，如图 3-16 所示。

图 3-16 使用"列表视图"查看素材

在单击"项目"面板底部的"图标视图"按钮后，即可切换至"图标视图"模式。此时，所有素材将以缩略图方式显示在"项目"面板内，从而使查看素材内容变得更为方便，如图 3-17 所示。

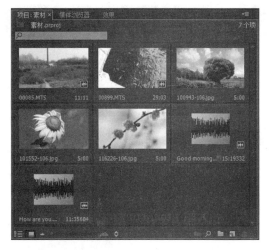

图 3-17 使用"图标视图"查看素材

3.2.4 课堂练一练：查看素材信息

当导入视频文件后，在"项目"面板中不仅能够进行静态查看，还能够进行动态查看，这样即可在不借助任何面板的情况下，查看视频中的画面内容，从而帮助用户更快地了解视频信息。

步骤01 当"项目"面板中已经导入视频素材后,单击该面板底部的"图标视图"按钮,使素材以缩略图方式显示在"项目"面板内,如图 3-18 所示。

步骤02 当"项目"面板中的视频素材不被选中的情况下,将鼠标指向该视频文件,并在该视频素材缩略图范围内拖曳,即可发现视频被播放,如图 3-19 所示。

图 3-18 缩略图显示   图 3-19 查看动态视频

指点迷津

要想取消这个查看功能,可以单击"项目"面板菜单按钮,选择弹出菜单中的"悬停划动"命令(快捷键 Shift+H),禁用该命令。此时,鼠标在视频缩略图范围内拖曳,该视频将不会自动播放。

3.3   管理媒体

Premiere 项目中的所有素材在导入后,将直接显示在"项目"面板中。而素材在"项目"面板中是以导入的先后顺序进行排列的,这样对于类型相同的素材来说,其排列方式会显得杂乱不堪,在一定程度上影响了工作效率。为此,必须对项目中的素材进行统一管理。

3.3.1   使用素材箱

若要利用容器管理素材,便需要首先创建容器。在"项目"面板中,单击"新建素材箱"按钮后,Premiere 将自动创建一个名为"素材箱"的容器,如图 3-20 所示。

图 3-20 创建素材箱

执行"文件"|"新建"|"素材箱"命令，或在右击"项目"面板空白处后，选择"新建素材箱"命令，也可以在"项目"面板中创建容器。

素材箱在刚刚创建之初，其名称将处于可编辑状态，此时可以通过直接输入文字的方式更改素材箱的名称。完成素材箱重命名操作后，便可将部分素材拖曳至素材箱内，从而通过该素材箱管理这些素材，如图 3-21 所示。

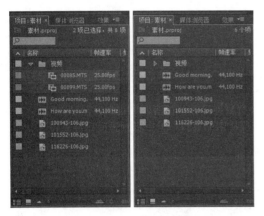

图 3-21　使用文件夹管理素材

提示

在单击文件夹内的"伸展 / 收缩"按钮后，Premiere 将会根据当前文件夹的状态来显示或隐藏文件夹内容，从而减少"项目"面板中显示素材的数量。

此外，Premiere 还允许在素材箱中创建素材箱，从而通过嵌套的方式来管理分类更为复杂的素材。创建嵌套素材箱的要点在于，必须在选择已有素材箱的情况下创建新的素材箱，只有这样才能在所选素材箱内创建素材箱，如图 3-22 所示。

图 3-22　创建嵌套素材箱

高手支招

要删除一个或多个素材箱，可以选择素材箱并单击"项目"面板底部的"清除"图标；也可以通过选择一个或多个素材箱，然后按 Delete 键来删除素材箱。

3.3.2　素材管理的基本方法

Premiere Pro CC 2014 的"项目"面板内包含一组专用于管理素材的功能按钮，通过这些按钮，用户能够从大量素材中快速查找到所需要的素材，或者按照想要的顺序进行排列。

1．自动匹配序列

Premiere 中的自动匹配序列功能，不仅可以方便、快捷地将所选素材添加至序列中，还能够在各素材之间添加一种默认的过渡效果。若要使用该功能，只需从"项目"面板内选择适当的素材后，单击"自动匹配序列"按钮，如图 3-23 所示。

图 3-23　单击"自动匹配序列"按钮

此时，系统将弹出"序列自动化"对话框。在该对话框中，调整匹配顺序与过渡方式的应用设置，如图 3-24 所示。

完成设置后，单击该对话框中的"确定"按钮，即可自动按照设置将所选素材添加至序列中，如图 3-25 所示。

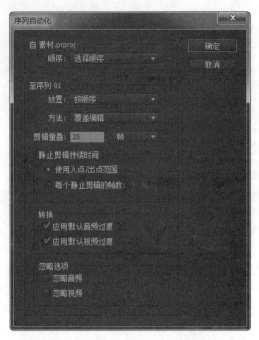

图 3-24 "序列自动化"对话框

图 3-25 素材的自动匹配结果

在"序列自动化"对话框中,各选项所用参数的不同,会使素材匹配至序列后的结果不同。为此,下面将对"序列自动化"对话框内各选项的作用进行讲解。

▷ 顺序:在"顺序"下拉列表中,用户可以选择按照"项目"面板中的排列顺序在序列中放置素材,还可以按照在"项目"面板中选择素材的顺序,将其放置在序列中。

▷ 至序列:在该栏中,"放置"选项用于设置素材在序列中的位置;"方法"选项用于设置素材以插入或覆盖的形式添加到序列中;"素材重叠"选项则用于设置过渡效果的帧数量或者时长。

▷ 静止剪辑持续时间:在该栏中,当启用"使用入点/出点范围"选项后,插入的视频素材是已经设置出、入点的视频片段;当

插入的素材为图片素材时,启用"每个静止剪辑的帧数:"选项后,可以设置该图片显示的时间帧数。

▷ 转换:在该栏中,启用相应的复选框,即可确定是否在素材间添加默认的音频和视频过渡效果。

▷ 忽略选项:如果启用"忽略音频"复选框,则在序列内不会显示音频内容;若启用"忽略视频"复选框,则序列中将不显示视频内容。

2. 重命名与删除素材

在编辑影片的过程中,通过更改素材名称,可以让素材的使用变得更加方便、准确。此外,删除多余素材,也能够减少管理素材的复杂程度。

在"项目"面板中,单击素材名称后,素材名称将处于可编辑状态。此时,只需输入新的素材名称,即可完成重命名素材的操作,如图 3-26 所示。

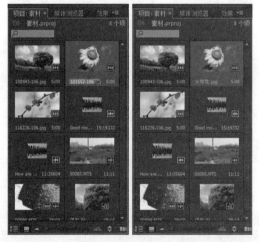

图 3-26 素材重命名

指点迷津

若单击素材前的图标,将会选择该素材;若要更改其名称,则必须单击素材名称的文字部分。此外,右击素材后,选择"重命名"命令,也可以将素材名称设置为可编辑状态,从而通过输入文字的方式对其进行重命名操作。

清除素材的操作虽然简单,但 Premiere 仍为我们提供了多种操作方法。例如,在"项目"面板内选择素材后,单击"清除"按钮即可完成清除任务,如图 3-27 所示。

图 3-27 清除多余素材

需要指出的是，当所清除的素材已经应用于序列中时，Premiere 将会弹出警告对话框，提示序列中的相应素材会随着清除操作而丢失，如图 3-28 所示。

图 3-28 清除已使用的素材

3. 查看素材属性

素材属性是指包括素材尺寸、持续时间、画面分辨率、音频标识等信息在内的一系列数据。通过了解素材属性，有助于用户在编辑影片时选择最为适当的素材，从而为高效制作优质影片奠定良好的基础。

在"项目"面板中，通过调整面板及各列的宽度，即可查看相关的属性信息。除此之外，用户还可以右击所要查看的素材文件，选择"属性"命令，如图 3-29 所示。

图 3-29 选择"属性"命令

此时，在弹出的"属性"面板中，即可查看到所选素材的实际保存路径、文件类型、大小、分辨率等信息。根据所选素材类型的不同，在"属性"面板内能够看到的信息也会有所差别。例如在查看视频素材的属性时，"属性"面板内还将显示帧速率、平均数据速率等信息，如图 3-30 所示。

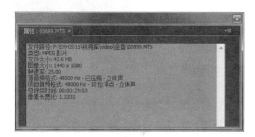

图 3-30 视频素材属性

3.3.3 使用项目管理器打包项目

制作一部稍微复杂的影视节目，所用到的素材便会非常多。在这种情况下，除了应该使用"项目"面板对素材进行管理外，还应将项目所用到的素材全部归纳于同一文件夹内，以便进行统一的管理。

要打包项目素材，应首先在 Premiere 主界面中执行"文件"|"项目管理"命令。在弹出的"项目管理"对话框中，从"源"区域内选择所要保留的序列，并在"生成项目"选项组内设置项目文件归档方式后，单击"确定"按钮即可，如图 3-31 所示。稍等片刻后，即可在"路径"选项所示的文件夹中，找到一个采用"已复制 _"加项目名为名称的文件夹，其内部包含当前项目的项目文件，以及所用素材文件的副本。

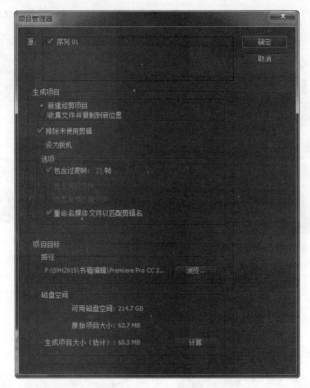

图 3-31　打包项目

3.3.4　脱机文件

　　"脱机文件"是指项目内当前不可用的素材文件，其产生原因多是由于项目所引用素材文件已经被删除或移动。当项目中出现脱机文件时，如果在"项目"面板中选择该素材文件，"素材源"或"节目"监视器面板内将显示该素材的媒体脱机信息，如图 3-32 所示。

　　在打开包含脱机文件的项目时，Premiere 会在弹出的"链接媒体"对话框内要求用户重定位脱机文件，如图 3-33 所示。此时，如果用户能够指出脱机素材新的文件存储位置，则项目便会解决该素材文件的脱机问题。

图 3-32　脱机文件

图 3-33　"链接媒体"对话框

　　在"链接媒体"对话框中，用户可以选择查找或跳过该素材，或者将该素材创建为脱机文件，对话框中的部分选项作用如表 3-1 所示。

表 3-1　脱机文件提示对话框按钮作用

名　称	功　能
自动重新链接其他媒体	Premiere Pro 可以自动查找并链接脱机媒体。默认情况下，"链接媒体"对话框中的"自动重新链接其他媒体"选项处于启用状态。
对齐时间码	默认情况下，该选项也处于启用状态，可将媒体文件的源时间码与要链接的剪辑的时间码对齐。
使用媒体浏览器查找文件	打开带有缺失媒体文件的项目时，利用"链接媒体"对话框，可以直观地查看链接丢失的文件，并快速查找和链接文件。
查找	单击该按钮，将弹出"搜索结果"对话框，用户可以通过该对话框重定位脱机素材。
脱机	将需要查找的文件创建为脱机文件。
全部脱机	单击该按钮，即可将项目中所有需要重定位的媒体素材创建为脱机文件。

　　在 Premiere Pro CC 2014 中，可以自动查找并链接脱机媒体。默认情况下，"链接媒体"对话框中的"自动重新链接其他媒体"选项处于启用状态。但是 Premiere Pro 尝试在尽可能减少用户输入的情况下重新链接脱机媒体。如果 Premiere Pro 在打开项目时可以自动地重新链接所有缺失文件，则不会显示"链接媒体"对话框。

　　用户可以手动查找并重新连接 Premiere Pro 无法自动重新链接的媒体。要执行此操作，可以在"链接媒体"对话框中单击"查找"按钮。

　　打开"查找文件"对话框，且最多可以显示最接近查找文件所处层级的三个目录层级。如果没有找到完全匹配项，则在显示此目录时考虑该文件应该存在的位置或与之前会话相同的目录位置。默认情况下，"查找文件"对话框会使用媒体浏览器用户界面显示文件目录列表，如图 3-34 所示。

图 3-34　"查找文件"对话框

高手支招

如要使用计算机的文件浏览器查找文件，需要禁用"链接媒体"对话框中的"使用媒体浏览器查找文件"选项。

3.4　习题测试

　　1.填空题

　　（1）在"项目"面板中，Premiere 共提供了图标和 _____ 两种不同的视图模式。

　　（2）"项目"面板关联菜单中的"_____"命令是用来查看视频文件的。

（3）Premiere 中的 _____ 功能，不仅可以方便、快捷地将所选素材添加至序列中，还能够在各素材之间添加一种默认的过渡效果。

2. 选择题

（1）将素材导入 Premiere 后，素材将会出现在"_____"面板中。

A．素材源   B．项目

C．时间轴   D．媒体浏览

（2）当禁用"悬停划动"选项，而又想在"项目"面板中查看视频文件时，可以按住 _____ 键滑动鼠标。

A．Ctrl   B．Alt

C．Shift   D．H

3.5　本课小结

本课主要学习了 Premiere 中各种素材的导入、查看和管理等方法。在 Premiere 中，无论进行任何的操作首先要将素材导入，因此一定要掌握好素材的导入方法。同时还学习了素材在"项目"面板中的管理，以及插入素材后的素材管理方法。只要熟练掌握了这些基本功能，才能够更好地结合后面的知识，编辑出更好的视频片段。

第 4 课 输出影片剪辑

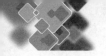
输出影片剪辑

通过 Premiere 保存的 .prproj 格式文件，只能在 Premiere 中打开、编辑与查看。要想查看 Premiere 制作的视频效果，则需要将剪辑好的视频输出为视频格式文件，才能在普通的播放器中进行查看。而不同的视频格式，其画质、音质及容量各不相同，所以掌握好视频格式的输出，就能够得到适合的视频文件。

技术要点：

◆　影片输出设置
◆　常见视频格式
◆　导出为交换文件

4.1　影片输出设置

当在序列中剪辑完成视频片段后，就能进行视频输出了。而在序列中剪辑的视频片段，并不一定就是输出的视频效果，这是由在输出时设置的参数来决定的。在输出视频时，不仅能够决定视频格式，还能设置视频画面的范围，以及视频播放时间等参数。

4.1.1　影片输出的基本流程

完成 Premiere 影视项目的各项编辑操作后，在主界面内执行"文件"┆"导出"┆"媒体"命令（快捷键 Ctrl+M），将弹出"导出设置"对话框。在该对话框中，可以对视频文件的最终尺寸、文件格式和编辑方式等一系列属性进行设置，如图 4-1 所示。

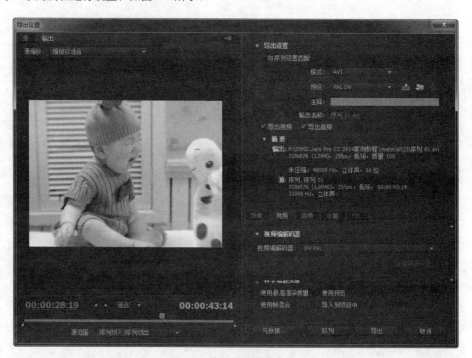

图 4-1　"导出设置"对话框

“导出设置”对话框的左半部分为视频预览区域；右半部分为参数设置区域。在左半部分的视频预览区域中，可以分别在“源”和“输出”选项卡内查看到项目的最终编辑画面和最终输出为视频文件后的画面。在视频预览区域的底部，调整滑块可以控制当前画面在整个影片中的位置，而调整两个“三角形”滑块则能够控制导出时的入点与出点，从而起到控制导出影片持续时间的作用，如图 4-2 所示。

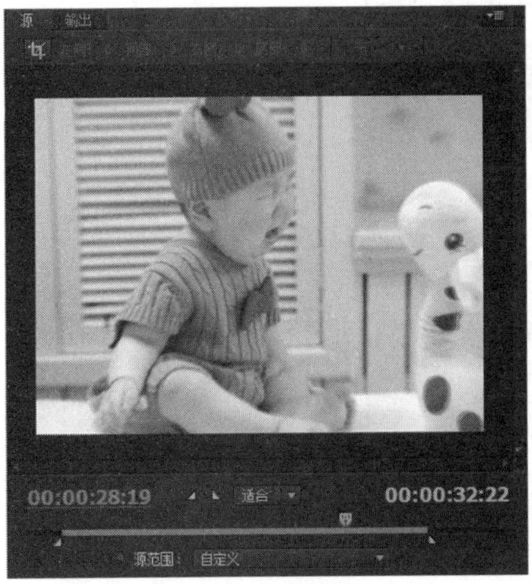

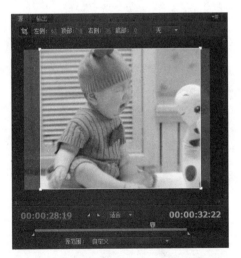

图 4-2　调整导出影片的持续时间

与此同时，在“源”选项卡中单击“裁剪”按钮后，还可以在预览区域内通过拖曳锚点，或在“裁剪”按钮右侧直接调整相应参数，更改画面的输出范围，如图 4-3 所示。

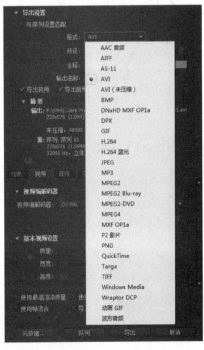

图 4-3　调整导出影片的画面输出范围

完成此项操作后，切换至“输出”选项卡，即可在“输出”选项卡内查看到调整结果，如图 4-4 所示。

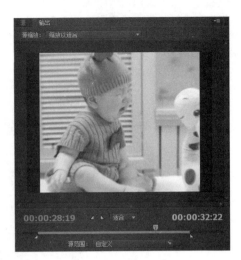

图 4-4　预览导出的影片画面

提示

当影片的原始画面比例与输出比例不匹配时，影片的输出结果画面内便会出现黑边。

4.1.2　输出格式与输出方案

在完成对导出影片持续时间和画面范围的设定后，在“导出设置”对话框右半部分的“导出设置”选项组可以用于确定导出影片的文件类型，如图 4-5 所示。

图 4-5　设定影片的输出类型

根据导出影片格式的不同，用户还可以在"预设"下拉列表中，选择一种 Premiere 之前设置好参数的预设导出方案，完成后即可在"导出设置"选项组内的"摘要"区域内查看部分导出设置内容，如图 4-6所示。

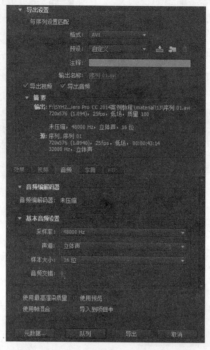

图 4-6 选择影片输出方案

4.2 常见视频格式的输出参数

不同的视频格式的设置方法不尽相同，因此，在"导出设置"选项组内选择不同的输出文件类型后，Premiere 便会根据所选文件格式的不同，调整不同的视频输出选项，以便用户更为快捷地调整视频文件的输出设置。

4.2.1 输出 AVI 文件

若要将视频编辑项目输出为 AVI 格式的视频文件，则应在"格式"下拉列表中选择 AVI 选项。此时，相应的视频输出设置选项，如图 4-7 所示。

在上面所展示的 AVI 文件输出选项中，并不是所有的参数都需要调整。通常情况下，所需调整的部分选项功能和含义如下。

■ 视频编解码器

在输出视频文件时，压缩程序或者编解码器(压缩 / 解压缩)决定了计算机该如何准确地重构或者剔除数据，从而尽可能缩小数字视频文件的体积。

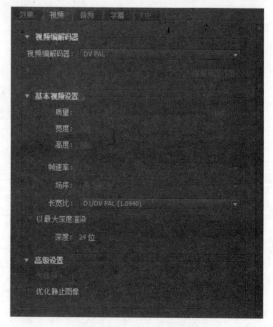

图 4-7 AVI 文件输出选项

■ **基本视频设置**

该选项组显示了视频的基本信息，例如质量、宽度、高度、帧速率、场序、长宽比等信息选项，其中灰色的选项表示不可编辑。

4.2.2 输出 WMV 文件

WMV 是由微软公司推出的视频文件格式，由于具有支持流媒体的特性，因此也是较为常用的视频文件格式之一。在 Premiere 中，若要输出 WMV 格式的视频文件，首先应将"格式"设置为 Windows Media，此时其视频输出设置选项如图 4-8 所示。

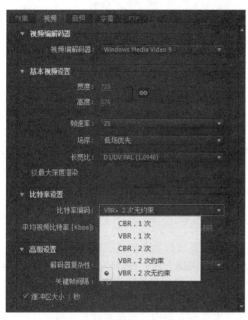

图 4-8　WMV 文件输出选项

■ **1 次编码时的参数设置**

1 次编码是指在渲染 WMV 文件时，编解码器只对视频画面进行 1 次编码分析。其优点是速度快；缺点是往往无法获得最为优化的编码设置。当选择"1 次编码"时，"比特率模式"会提供"固定"和"可变品质"两种选项供用户选择。其中，"固定"模式是指整部影片从头至尾采用相同的比特率设置，优点是编码方式简单，文件渲染速度较快。

至于"可变品质"模式，则是在渲染视频文件时，允许 Premiere 根据视频画面的内容来随时调整编码比特率。这样一来，便可以在画面简单时采用低比特率进行渲染，从而降低视频文件的体积；在画面复杂时采用高比特率进行渲染，从而提高视频文件的画面质量。

■ **2 次编码时的参数设置**

与"1 次编码"相比，"2 次编码"的优势在于能够通过第 1 次编码时所采集到的视频信息，在第 2 次编码时调整和优化编码设置，从而以最佳的编码设置来渲染视频文件。

在使用"2 次编码"渲染视频文件时，比特率模式将包含"CBR，1 次"、"VBR，1 次"、"CBR，2 次"、"VBR，2 次约束"与"VBR，2 次无约束"5 种不同模式。

4.2.3 输出 MPEG 文件

作为业内最为重要的一种视频编码技术，MPEG 为多个领域不同需求的使用者提供了多种样式的编码方式。接下来，我们将以目前最为流行的 MPEG2 Blue-ray 为例，简单介绍 MPEG 文件的输出设置。

在"导出设置"选项组中，将"格式"设置为 MPEG4 后，其视频设置选项如图 4-9 所示。

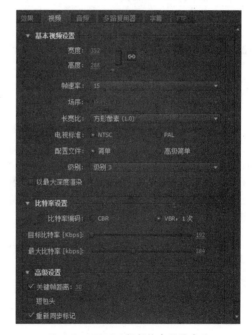

图 4-9　MPEG4 视频输出设置选项

在上面的选项面板中，部分常用选项的功能及含义如下。

■ **帧尺寸（单位为像素）**

设定画面尺寸，预置有 720×576、1280×720、1440×1080 和 1920×1080 四种尺寸供用户选择。

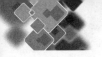

■ 比特率编码

确定比特率的编码方式，共包括 CBR、"VBR 1 次"和"VBR 2 次"三种模式。其中，CBR 指固定比特率编码；VBR 指可变比特率编码方式。

此外，根据所采用编码方式的不同，编码时所采用比特率的设置方式也有所差别。

■ 目标比特率

仅当"比特率编码"选项为 VBR 1 次或 2 次时出现，用于在可变比特率范围内限制比特率的参考基准值。也就是说，多数情况下 Premiere 会以该选项所设定的比特率进行编码。

■ 最大比特率

该选项与"最小比特率"选项相对应，作用是设定比特率所采用的最大值。

4.3　导出为交换文件

现如今，一档高品质的影视节目往往需要多个软件共同协作后才能完成。为此，Premiere 在为用户提供强大的视频编辑功能的同时，还具备了输出多种交换文件的功能，以便用户能够方便地将 Premiere 编辑操作的结果导入其他非线性编辑软件内，从而在多款软件协同编辑后获得高质量的影音播放效果。

4.3.1　输出 EDL 文件

EDL（Edit Decision List）是一种广泛应用于视频编辑领域的编辑交换文件，其作用是记录用户对素材的各种编辑操作。这样一来，用户便可在所有支持 EDL 文件的编辑软件内共享编辑项目，或通过替换素材来实现影视节目的快速编辑与输出。

1. 了解 EDL 文件

EDL 最初是源自于线性编辑系统的离线编辑操作，是一种用源素材复制替代源素材进行初次编辑，而在成品编辑时使用源素材进行输出，从而保证影片输出质量的编辑方法。在非线性编辑系统中，离线编辑的目的已不再是为了降低素材的磨损，而是通过使用高压缩率、低质量的素材提高初次编辑的效率，并在成品输出时替换为高质量的素材，以保证影片的输出质量。为了达到这一目的，非线性编辑软件需要将初次编辑时的各种编辑操作记录在一种被称为 EDL 的文本类型文件内，以便在成品编辑时快速确立编辑位置与编辑操作，从而加快编辑速度。

不过，EDL 文件在非线性编辑系统内的使用仍有一些限制。下面是一些经常会出现的两种问题及其解决方法。

■ 部分轨道的编辑信息丢失

EDL 文件在存储时只保留两轨的初步信息，因此在用到两轨以上的视频时，两轨以上的视频信息便会丢失。

要解决此问题，只能在初次编辑时将视频素材尽量安排在两轨以内，以便 EDL 文件所记录的信息尽可能全面。

■ 部分内容的播放效果与初次编辑不符

当初次编辑包含多种效果与过渡效果时，EDL 文件将无法准确记录这些编辑操作。例如，在初次编辑时为素材添加慢动作，并在每个素材间添加叠化效果后，编辑软件会在成品编辑时从叠化部分将素材切断，从而形成自己的长度，最终造成镜头跳点和混乱的情况。

要解决此问题，只能在保留叠化所切断素材片段的基础上，分别从叠化部分的前后切点处向外拖曳素材，直至还原原来的素材长度与序列的原貌。

2. 输出 EDL 文件

在 Premiere Pro 中，输出 EDL 文件变得极为简单，用户只需在主界面内执行"文件"|"导出"|"输出到 EDL"命令，弹出"EDL 导出设置"对话框，如图 4-10 所示。

图 4-10 "EDL 导出设置"对话框

在"EDL 导出设置"对话框中，调整 EDL 所要记录的信息范围后，单击"确定"按钮，即可在弹出的对话框内保存 EDL 文件。

4.3.2 输出 OMF 文件

OMF（Open Media Framework）最初是由 Avid 推出的一种音频封装格式，能够被多种专业的音频编辑与处理软件所读取。在 Premiere 中，执行"文件"|"导出"|"输出为 OMF"命令后，即可打开"OMF 导出设置"对话框，如图 4-11 所示。

图 4-11 "OMF 导出设置"对话框

根据应用需求，对"OMF 导出设置"对话框内的各项参数进行相应调整后，单击"确定"按钮，即可在弹出的对话框内保存 OMF 文件。

4.4 实战应用——输出视频文件

对于零碎的视频片段，要想将其整合在一起，则需要在 Premiere 中进行组合。而 Premiere 创建的文件并不能直接在视频播放器中进行播放，这就需要将 Premiere 文件输出为视频文件。如图 4-12 所示为输出的 .3pg 格式的视频效果。

图 4-12 视频播放效果

中文版 Premiere 影视编辑课堂实录

步骤01 启动 Premiere，单击欢迎界面中的"新建项目"选项，打开"新建项目"对话框。单击"浏览"按钮，选择文件的保存位置。在"名称"栏中输入 flowers，单击"确定"按钮，如图 4-13 所示。

图 4-13　创建项目

步骤02 执行"文件"|"文件"|"序列"命令，在"新建序列"对话框中，选择预设画面尺寸，如图 4-14 所示，单击"确定"按钮新建空白序列。

图 4-14　新建序列

步骤03 在"项目"面板中双击空白处，选择光盘中的视频素材，导入到"项目"面板中，如图 4-15 所示。

图 4-15　导入素材

步骤04 选中"项目"面板中的其中一个视频素材，并将其拖至"时间轴"面板中的 V1 轨道中，如图 4-16 所示。

图 4-16　插入视频

步骤05 按照上述方法，将"项目"面板中另外一个视频素材插入 V1 轨道中，并放置在第一段视频尾部，使两者首尾相接，如图 4-17 所示。

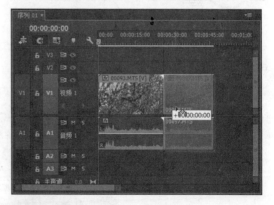

图 4-17　添加素材

步骤06 执行"文件"|"导出"|"媒体"命令（快捷键 Ctrl+M），弹出"导出设置"对话框。设置"输出名称"为"春——花 .3gp"，并设置视频输出位置，如图 4-18 所示。

图 4-18 "导出设置"对话框

步骤 07 在"导出设置"对话框左侧，调整两个"三角形"滑块则能够控制导出时的入点与出点，如图 4-19 所示。

步骤 08 单击"导出设置"对话框中的"导出"按钮，即可将 Premiere 文件输出为视频文件，如图 4-20 所示。

图 4-19 设置视频入点与出点

图 4-20 导出视频文件

4.5 习题测试

1. 填空题

（1）在"导出设置"对话框的左下角处，调整两个"三角形"滑块能够控制输出影片时的_____。

（2）Premiere 允许用户将影视节目编辑操作输出为 EDL 或 _____ 格式的交换文件，以便与其他影视编辑与制作软件协同完成节目的制作。

2. 选择题

（1）Premiere 能够输出的 MPEG 类媒体文件包括下列哪种类型？

A．MPEG4   B．MPEG7

C．MPEG3   D．MPEG1

（2）在下列选项中，Premiere 无法直接输出哪种类型的媒体文件格式？

A．AVI   B．WMV

C．RM/RMVB   D．FLV

4.6　本课小结

本课主要学习了视频的各种输出方式，以及输出选项设置等内容。通过学习即可根据需要或用途来决定视频格式。当学会后期的特效添加后，即可随时将视频输出并播放观看了。

第 5 课　创建与编辑序列

创建与编辑序列

素材的导入、管理与输出只是让用户了解 Premiere Pro 工作的基本流程，而要将零碎的视频素材进行组合，成为一段完整的视频文件，就需要对素材进行分割、排序、修剪等多种操作，所以这些操作才是 Premiere Pro 的核心功能。

技术要点：

◆ 熟悉"时间轴"面板
◆ 认识"监视器"面板
◆ 掌握素材的基本编辑方法
◆ 熟练视频编辑工具的使用方法

5.1 使用"时间轴"面板

"时间轴"面板是视频素材编辑与剪辑的载体，只有将素材放置在该面板中，才能进行后期的一系列操作。在该面板中，不仅能够将不同的素材按照一定顺序进行排列，还能设置其播放时间。

5.1.1 认识"时间轴"面板

在"时间轴"面板中，时间轴标尺上的各种控制选项决定了查看影片素材的方式，以及影片渲染和导出的区域，如图 5-1 所示。

图 5-1 "时间轴"面板

1. 时间标尺

时间标尺是一种可视化时间间隔显示工具。默认情况下，Premiere 按照每秒所播放画面的数量来划分时间轴，从而对应于项目的帧速率。不过，如果当前正在编辑的是音频素材，则应在"时间轴"面板的关联菜单内选择"显示音频单位"命令，将标尺更改为按照毫秒或音频采样率等音频单位进行显示的状态，如图 5-2 所示。

图 5-2　使用音频单位划分标尺

2.　当前时间指示器

"当前时间指示器"（CTI）是一个蓝色的三角形图标，其作用是标识当前所查看的视频帧，以及该帧在当前序列中的位置。在时间标尺中，既可以采用直接拖曳"当前时间指示器"的方法来查看视频内容，也可以在单击时间标尺后，将"当前时间指示器"移至鼠标单击处的某个视频帧，如图 5-3 所示。

图 5-3　查看指定视频帧

3.　时间显示

时间显示与"当前时间指示器"相互关联，当移动时间标尺上的"当前时间指示器"时，时间显示区域中的数值也会随之发生变化。同时，当在时间显示区域上左右拖曳鼠标时，也可以控制"当前时间指示器"在时间标尺上的位置，从而达到快速浏览和查看素材的目的。

在单击时间显示区域后，还可以根据时间显示单位的不同，输入相应数值，从而将"当前时间指示器"精确移至时间轴上的某一位置，如图 5-4 所示。

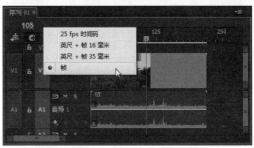

图 5-4　调整时间显示单位

4.　查看区域栏

查看区域栏的作用是确定出现在时间轴上的视频帧数量。当单击横拉条左侧或者右侧的端点并向右或向左拖曳，从而使其长度减少时，"时间轴"面板在当前可见区域内能够显示的视频帧将逐渐减少，而时间标尺上各时间标记间的距离将随之增大；反之，时间标尺内将显示更多的视频帧，并减少时间轴上的时间间隔，如图 5-5 所示。

图 5-5　调整查看区域栏

5.1.2 "时间轴"面板基本控制

轨道是"时间轴"面板最为重要的组成部分，其原因在于这些轨道能够以可视化的方式显示音视频素材、过渡和效果。而且，利用"时间轴"面板内的轨道选项，还可以控制轨道的显示方式，或添加、删除轨道，并在导出项目时决定是否输出特定轨道。如图 5-6 所示为默认的 3 个视频轨道与 4 个音频轨道。

图 5-6 "时间轴"面板中的轨道

1. 切换轨道输出

在视频轨道中，"切换轨道输出"按钮用于控制是否输出视频素材。这样一来，便可以在播放或导出项目时，防止在"节目"监视器面板内查看相应轨道中的影片。如图 5-7 所示为禁止该轨道中的视频显示在"节目"监视器面板中。

图 5-7 隐藏该轨道中的视频

在音频轨道中，"切换轨道输出"按钮则使用"静音轨道"图标来表示，其功能是在播放或导出项目时，决定是否输出相应轨道中的音频素材。而当单击该图标后，即可使视频中的音频静音，而图标将改变颜色，如图 5-8 所示。

图 5-8 静音轨道

2. 切换同步锁定

通过对轨道启用"切换同步锁定"功能，确定执行插入、波纹删除或波纹修剪操作时，哪些轨道将会受到影响。对于其剪辑属于操作一部分的轨道，无论其同步锁定的状态如何，这些轨道始终都会发生移动，但是其他轨道将只在其同步锁定处于启用状态的情况下才移动其剪辑内容，如图 5-9 所示。

图 5-9 用异步方式调整素材

3. 切换轨道锁定

该选项的功能是锁定相应轨道上的素材及其他各项设置，以免因误操作而破坏已编辑好的素材。当单击该按钮，使其出现"锁"图标时，表示轨道内容已被锁定，此时无法对相应轨道进行任何修改，如图 5-10 所示；再次单击"切换轨道锁定"按钮后，即可显示为"解锁"图标，并解除对相应轨道的锁定保护。

图 5-10 锁定轨道

4. 时间轴显示设置

为了便于用户查看轨道上的各种素材，Premiere 分别为视频素材和音频素材提供多种显示方式。单击"时间轴"面板中"时间轴显示设置"按钮，在弹出的菜单中进行选择，各种显示选项如图 5-11 所示。

图 5-11　使用不同方式查看轨道上的视频素材

对于视频素材，Premiere 还为其提供了更多视频缩览图的显示方式。只要单击"时间轴"面板的关联菜单按钮，选择其中的不同选项，即可得到各种视频缩览图显示效果。如图 5-12 所示为显示视频头和视频尾缩览图的效果。

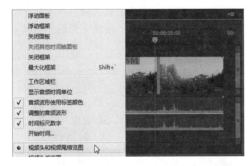

图 5-12　显示视频头和视频尾的缩览图效果

对于轨道上的音频素材，Premiere 也提供了两种显示方式。应用时，同样需要单击"时间轴显示设置"按钮，并在弹出的菜单中进行选择，即可采用新的方式查看轨道上的音频素材，如图5-13所示。

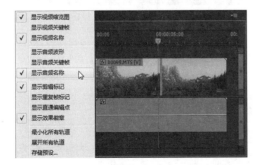

图 5-13　使用不同方式查看轨道上的音频素材

5.1.3　轨道的基本管理方法

在创建序列时，默认情况下视频轨道为 3 个，而音频轨道则会根据音频选项来决定音频轨道的个数。而这些均可以在后期编辑影片时，根据视频效果的需要添加、删除轨道，或对轨道进行重命名操作。

1. 重命名轨道

在"时间轴"面板中，右击轨道后，选择"重命名"命令，即可进入轨道名称编辑状态。此时，输入新的轨道名称后，按 Enter 键，即可为相应轨道设置新的名称，如图 5-14 所示。

图 5-14　轨道重命名

2. 添加轨道

当影片剪辑使用的素材较多时，增加轨道的数量有利于提高影片的编辑效率。此时，可以在"时间轴"面板内右击轨道，并选择"添加轨道"命令，如图 5-15 所示。

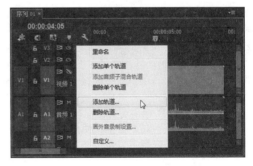

图 5-15　选择"添加轨道"命令

在"添加轨道"对话框的"视频轨道"选项组中，"添加"选项用于设置新增视频轨道的数量，而"放置"选项用于设置新增视频轨道的位置。在单击"放置"下拉按钮后，即可在弹出下拉列表内设置新轨道的位置，如图 5-16 所示。

图 5-16　设置新轨道

完成上述设置后，单击"确定"按钮，即可在"时间轴"面板的相应位置添加所设数量的视频轨道，如图 5-17 所示。

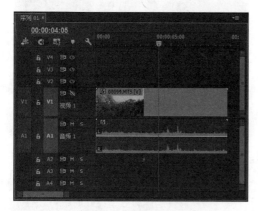

图 5-17　成功添加轨道

指点迷津

按照 Premiere 的默认设置，轨道名称会随其位置的变化而发生改变。例如，当我们以"跟随视频1"的方式添加一条新的视频轨道时，新轨道会以 V2 的名称出现，而原有的 V2 轨道则会被重命名为 V3 轨道，原 V3 轨道则会被重命名为 V4 轨道，依此类推。

在"添加轨道"对话框中，使用相同的方法在"音频轨道"和"音频子混合轨道"选项组内进行设置，即可在"时间轴"面板内添加新的音频轨道。

提示

在 Premiere pro CC 2014 中，轨道菜单中还添加了"添加单个轨道"和"添加音频子混合轨道"选项。此时只要选择该选项，即可直接添加轨道，而不需要通过"添加轨道"对话框。

3．删除轨道

当影片所用的素材较少，当前所包含的轨道已经能够满足影片编辑的需要，并且含有多余轨道时，可以通过删除空白轨道的方法，减少项目文件的复杂程度，从而在输出影片时提高渲染速度。操作时，应首先在"时间轴"面板内右击轨道，并选择"删除轨道"命令，如图 5-18 所示。

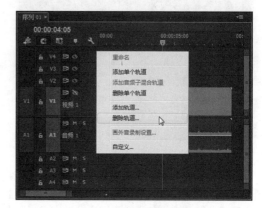

图 5-18　删除多余轨道

在弹出的"删除轨道"对话框中，启用"视频轨道"选项组内的"删除视频轨道"复选框。然后，在该复选框下方的下拉列表内选择所要删除的轨道，完成后单击"确定"按钮，即可删除相应的视频轨道，如图 5-19 所示。

图 5-19　删除"视频 4"轨道

在"删除轨道"对话框中，使用相同方法在"音频轨道"和"音频子混合轨道"选项组内进行设置，即可在"时间轴"面板内删除相应的音频轨道。

高手指点

要想删除单个轨道时，在该轨道中右击，选择"删除单个轨道"选项，即可直接删除该轨道，而不需要经过"删除轨道"对话框。

4. 自定义轨道头

在"时间轴"面板中，可以自定义"时间轴"面板中的轨道标题，利用此功能可以决定显示哪些控件。由于视频和音频轨道的控件各不相同，因此每种轨道类型各有单独的按钮编辑器。

其方法是：右键单击视频或音频轨道，然后选择"自定义"选项，只需根据需要进行拖放即可。例如，可以选择"轨道计"控件，并将其他拖曳到音频轨道中，如图 5-20 所示。

此时单击"按钮编辑器"面板中的"确定"按钮，关闭该面板后，"时间轴"面板的音频轨道中则显示添加后的"轨道计"控件。当播放视频或者拖曳"当前时间指示器"时，就会发现"轨道计"控件中的音频效果，如图 5-21 所示。

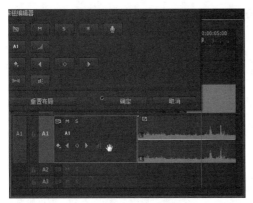

图 5-20　自定义控件

图 5-21　自定义效果

5.2　使用监视器面板

Premiere Pro 中的监视器，无论是源监视器还是节目监视器，其首要作用都是用来查看视频效果的；其次，在监视器中还可以进行简单的素材剪辑。

5.2.1　源监视器与节目监视器概览

Premiere Pro 中的监视器面板不仅可以在影片制作过程中预览素材或作品，还可以用于精确编辑和修剪剪辑。根据监视器面板类型的不同，接下来将分别对"源"监视器面板和"节目"监视器面板进行讲解。

1. "源"监视器面板

"源"监视器面板的主要作用是预览和修剪素材，编辑影片时只需双击"项目"面板中的素材，即可通过"源"监视器面板预览其效果，如图 5-22 所示。在该面板中，素材画面预览区的下方为时间标尺，底部则为播放控制区。在"源"监视器面板中，各个控制按钮的作用如表 5-1 所示。

图 5-22　查看素材播放效果

表 5-1　"源"监视器面板部分控件的作用

图标	名称	作用
	查看区域栏	用于放大或缩小时间标尺
无	时间标尺	用于表示时间,其中的"当前时间指示器"用于表示当前所播放视频画面的具体位置
	标记入点	设置素材进入的时间
	标记出点	设置素材结束的时间
	设置未编号标记	添加自由标记
	跳转入点	无论当前位置在何处,都将直接跳至当前素材的入点处
	跳转出点	无论当前位置在何处,都将直接跳至当前素材的出点处
	后退一帧	以逐帧的方式倒放素材
	播放 - 停止播放	控制素材画面的播放与暂停
	前进一帧	以逐帧的方式播放素材
	插入	当在素材中间单击该按钮后,在插入素材的同时,会将该素材一分为二
	覆盖	当在素材中间单击该按钮后,在插入素材的同时,会将该素材覆盖
	导出帧	单击该按钮,弹出"导出帧"对话框,单击"确定"按钮,即可使用默认参数导出当前画面的静止帧图片

　　Premiere Pro 现在提供了 HiDPI 的支持,增强了高分辨率用户界面的显示体验。最新款的监视器支持 HiDPI 显示。在"源"监视器面板中的素材视频文件,可以通过单击面板中的按钮来实现视频与音频之间的切换,如图 5-23 所示。

图 5-23　视频与音频之间的切换

2. "节目"监视器面板

　　从外观上来看,"节目"监视器面板与"源"监视器面板基本一致。但与"源"监视器面板不同的是,"节目"监视器面板用于查看各素材在添加至序列,并进行相应编辑之后的播出效果,如图 5-24 所示。

图 5-24　查看节目播放效果

无论是"源"监视器面板还是"节目"监视器面板，在播放控制区中单击"按钮编辑器"按钮，将弹出更多的编辑按钮，这些按钮同样是用来编辑视频文件的。只要将某个按钮图标拖入面板的下方，然后单击"确定"按钮即可，如图 5-25 所示。

图 5-25　添加编辑按钮

5.2.2　监视器面板的时间控制与安全区域

与直接在"时间轴"面板中进行的编辑操作相比，在监视器面板中编辑影片剪辑的优点是能够方便、精确地控制时间。

除此之外，在拖曳"时间区域标杆"两端的锚点后，"时间区域标杆"变得越长，则时间标尺所显示的总播放时间越长；"时间区域标杆"变得越短，则时间标尺所显示的总播放时间越短，如图 5-26 所示。

图 5-26　"时间区域标杆"在不同状态下的效果对比

Premiere 中的安全区分为字幕安全区和动作安全区两种类型，其作用是标识字幕或动作的安全活动范围。安全区的范围在创建项目时便已设定，且一旦设置后将无法更改。

单击监视器面板底部的"安全边距"按钮，即可显示或隐藏画面中的安全框，如图 5-27 所示。其中，内侧的安全框为字幕安全框，外侧为动作安全框。

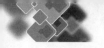

图 5-27　显示安全框

动作和字幕安全边距分别默认为 10% 和 20%，但是可以在"项目设置"对话框中更改安全区域的尺寸。方法是执行"文件"｜"项目设置"｜"常规"命令，即可在"项目设置"对话框的"动作与字幕安全区域"选项区域中设置，如图 5-28 所示。

图 5-28　更改安全边距

5.2.3　选择显示模式

电视信号在以模拟方式传输时，其信号电平必然会产生一定范围的波动。为了保证视频画面的色彩平衡、对比度和亮度，就必须将视频信号的波动幅度控制在传输允许并能有效转换到其他视频格式的极限范围之内。在传统的电视节目制作系统中，制作人员需要使用专门的仪器实时监视和控制视频摄录的质量，而在 Premiere Pro 中只需调整画面的显示模式，即可实时了解上述信息。

1. 用矢量示波器监测视频信号的色度

矢量示波器的主要功能是以矢量的形式测量

全电视信号中的色度信号或色度分量，是对彩条信号、视频信号及传输信道质量监测不可缺少的仪器之一。使用矢量示波器检测图像的原因在于人类的眼睛在观察颜色时会受到主观意识，以及其他多种因素的干扰，因此要精确判断全电视信号中的颜色是否被准确输出，就必须使用矢量示波器进行测量。在 Premiere Pro 中，查看矢量示波器的方法是右击监视器面板，并选择"显示模式"｜"矢量示波器"命令，如图 5-29 所示。

图 5-29　切换至矢量示波器

矢量示波器的画面由 R、G、B、Mg、Cy 和 Yl 这 6 个包含"田"字形方框的区域组成，其分别代表的是彩色电视信号中的三原色：红色（Red）、绿色（Green）、蓝色（Blue），以及对应的 3 种补色：青色（Cyan）、品红色（Magenta）和黄色（Yellow）。当播放标准的 75% 彩条时，彩条中的原色和补色应在矢量示波器刻度盘对应的方框中形成斑点。正常情况下，各色点的矢量幅度和相位均以田字格内的十字交叉点为准，向外超出的表示有 ±5% 的幅度和 ±3% 相位误差，超出大角框表示有 ±20% 的幅度和 ±10% 相位误差。与标有字母方框相邻的方框，表示该种颜色具有 100% 的饱和度。正常的视频图像在示波器中形成的矢量幅度一般不应超出以上 6 个色点形成的多边形区域。

当使用矢量示波器监测正常的电视信号时，示波器窗口内的图形会像棉絮一样毫无规律，如图 5-30 所示。但事实上，示波器内的任何一点都与色彩的相位信息保持着紧密的联系，只不过彩色电视信号的色调和饱和度是随图像内容在时刻变化的而已。

图 5-30　使用矢量示波器查看画面信息

在观察矢量示波器的画面时，若某种颜色在矢量示波器上形成的斑点离中心越近，说明它的色度信号越弱，即饱和度越小（或越接近白色）；离中心越远，则说明颜色越饱和（颜色较浓）。色度信号的饱和度过高将会引起色彩的溢出而影响画面色彩的真实感及清晰度，过低将使画面色彩变淡；色度信号的相位偏差将会引起偏色，从而影响色彩还原的准确性。

提示

不管是黑色还是白色，它们在矢量示波器中所形成的斑点都位于测试图的中央。

此外，在非线性编辑系统中我们还可以利用矢量示波器来检测由多台不同摄像机所拍摄画面的相位是否一致。不过，这就要求每台摄像机在拍摄素材之前，要先录制 5 秒钟的 75% 标准彩条信号，以便通过矢量示波器检测摄像机所记录的视频质量是否正常。

2．使用 YC 波形查看色彩强度

Premiere Pro 所提供 YC 波形示波器的作用是监测当前视频信号的亮度信号及叠加色度信号后的全电视信号电平。在示波器窗口中，垂直方向表示电

平的高低（计量单位为伏特，V），水平方向表示当前画面中的亮度信息分布情况。通过监视器面板顶部的"色度"复选框，用户还可以控制示波器窗口内是否叠加显示色度信息，如图 5-31 所示。

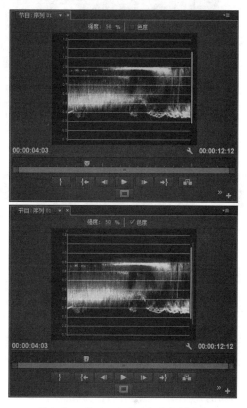

图 5-31　使用 YC 波形查看色彩强度

在观察 YC 示波器画面时，如果视频信号幅度过高会造成白限幅，损失画面亮部的图像细节，影响画面的层次感；如果黑电平过高会使画面有雾状感，清晰度不高，图像上本来该发黑的部分却变成灰色，缺乏层次感；如果黑电平过低，虽可以突出图像的亮部细节，但在画面暗淡时会出现图像偏暗或缺少层次、彩色不清晰不自然、肤色失真等现象。按照我国相关条文的规定，Premiere Pro PAL 制 YC 波形监视器窗口中的信号瞬间峰值电平不应超过 1.07V，叠加色度信号后的图像信号最高峰值电平不应超过 1.1V，黑电平以 0.3～0.35V 为正常。

3．YCbCr 检视和 RGB 检视示波器

从本质上来看，YCbCr 检视示波器和 RGB 检视示波器的作用与 YC 示波器完全相同，都是在检测色彩分布的同时，显示色彩的峰值信号与消隐信号的范围。它们所不同的是，YCbCr 检视示波器和 RGB 检视示波器在纵轴上没有采用 YC 示波器中的单位"伏特"，而是以 0%～100% 作为不同区段的刻度单位，如图 5-32 所示。

65

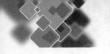

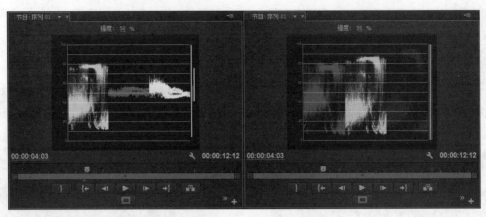

图 5-32　YCbCr 检视示波器和 RGB 检视示波器

5.3　在序列中编辑媒体

各种复杂的视频剪辑操作，并不是在监视器中进行的，而是在"时间轴"面板中完成的。在"时间轴"面板中编辑视频的前提是，必须创建序列，将视频素材放置在其中才能够进行编辑，而监视器则是查看编辑后的视频效果。

5.3.1　添加素材

添加素材是编辑素材的前提条件，其操作目的是将"项目"面板中的素材移至时间轴内。为了提高影片的编辑效率，Premiere 为用户提供了多种添加素材的方法，下面便将对其分别进行介绍。

1.　使用命令添加素材

在"项目"面板中，选择所要添加的素材后，右击该素材，并在弹出的菜单内选择"插入"命令，即可将其添加至时间轴内的相应轨道中，如图 5-33 所示。

图 5-33　通过命令将素材添加至时间轴

高手支招

在"项目"面板内选择所要添加的素材后，在英文输入法状态下按快捷键"，"，也可以将其添加至时间轴内。无论使用何种方式进行插入，其前提是必须在"时间轴"面板中选中视频轨道。

2.　将素材直接拖至"时间轴"面板

在 Premiere 工作区中，直接将"项目"面板中的素材拖曳至"时间轴"面板中的某一个轨道后，也可以将所选素材添加至相应轨道内，如图 5-34 所示。并且能够将多个视频素材拖至同一个时间轴上，从而添加多个视频素材。

图 5-34　以拖曳方式添加素材

3. 选择性添加素材

入点和出点的功能是标识素材可用部分的起始时间与结束时间，以便 Premiere 有选择地调用素材，即只使用入点与出点区间内的素材片段。简单来说，入点和出点的作用是在添加素材之前，将素材内符合影片需求的部分挑选出来后直接使用。

在 Premiere Pro 中，虽然可以在"项目"面板中进行素材的出、入点设置，但是并不能精确地设置。要想精确地设置素材的出、入点，则需要在"源"监视器面板内进行，因此在操作前必须先将"项目"面板内的素材添加至"源"监视器面板中，如图 5-35 所示。

图 5-35 将素材添加至"源"监视器面板

在"源"监视器面板中，确定"当前时间指示器"的位置后，单击"标记入点"按钮，或者直接按快捷键 I，即可在当前视频帧的位置上添加入点标记，如图 5-36 所示。

图 5-36 设置素材入点

接下来，在"源"监视器面板内再次调整"当前时间指示器"的位置后，单击"标记出点"按钮，或者直接按快捷键 O，即可在当前视频帧的位置上添加出点标记，如图 5-37 所示。

图 5-37 设置素材出点

此时，入点与出点之间的内容即为素材内所要保留的部分。在将该素材添加至时间轴后，可以发现素材的播放时间与内容已经发生了变化，Premiere 将不再显示入点与出点区间以外的素材内容，如图 5-38 所示。

图 5-38 源素材与设置出、入点后的素材对比

在随后的编辑操作中，如果不再需要之前所设定的入点和出点，只需右击"源"监视器面板后，选择"清除入点和出点"命令即可。

在 Premiere Pro 中，视频素材的修剪还有一种更为简单的方法，那就是直接在"项目"面板中进行裁剪。方法是，在"项目"面板中选中要裁剪的视频素材，单击进度条确定视频位置，按快捷键 I

确定视频入点。向右拖曳进度条确定视频位置，按快捷键 O 确定视频出点，如图 5-39 所示。

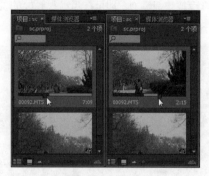

图 5-39　设置入点与出点

此时，将裁剪后的视频素材插入"时间轴"面板后，发现该视频的播放时间明显缩短，说明插入的视频是裁剪后的视频，并不是原视频文件。

5.3.2　编辑媒体片段的基本方法

当媒体素材插入"时间轴"面板的序列中后，即可开始编辑素材片段。在"时间轴"面板中，不仅能够复制、移动、分割素材，还能够调整素材的播放时间等。

1.　复制与移动素材

可重复利用素材是非线性编辑系统的特点之一，而实现这一特点的常用手法便是复制素材片段。不过，对于无须修改即可重复使用的素材来说，向时间轴内重复添加素材与复制时间轴已有素材的结果相同。但是，当需要重复使用的是修改过的素材时，便只能通过复制时间轴中已有素材的方法来实现。

单击工具栏中的"选择工具"按钮后，在时间轴上选择所要复制的素材，并在右击该素材后选择"复制"命令，或者直接按快捷键 Ctrl+C，如图 5-40 所示。

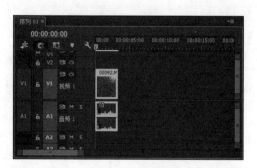

图 5-40　复制素材

接下来，将"当前时间指示器"移至空白位置处后，按快捷键 Ctrl+V，即可将刚刚复制的素材粘贴至当前位置，如图 5-41 所示。

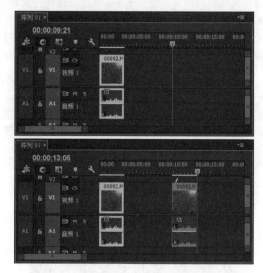

图 5-41　粘贴素材

指点迷津

在粘贴素材时，新素材会以当前位置为起点，并根据素材长度的不同，延伸至相应位置。在该过程中，新素材会覆盖其长度范围内的所有其他素材，因此在粘贴素材时必须将"当前时间指示器"移至拥有足够空间的空白位置。

完成上述操作后，使用"选择工具"向前拖曳复制后的素材，调整其位置，使相邻素材之间没有间隙。在移动素材的过程中，应避免素材出现相互覆盖的情况，如图 5-42 所示。

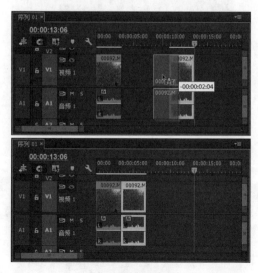

图 5-42　移动素材

2. 分割素材

在制作影片时用到的各种素材中，很多时候只需使用素材内的某个片段。此时，需要对源素材进行裁切后，删除多余的素材片段。要删除某段素材片段，首先拖曳时间标尺上的"当前时间指示器"，将其移至所需要裁切的位置，如图 5-43 所示。

图 5-43　确定时间点

接下来，在工具栏内选择"剃刀工具"，在"当前时间指示器"的位置单击时间轴上的素材，即可将该素材裁切为两部分，如图 5-44 所示。

图 5-44　分割视频

提示

在裁切素材时，移动"当前时间指示器"的目的是确认裁切画面的具体位置。而且，在将"剃刀工具"图标前的虚线与编辑线对齐后，即可从当前视频帧的位置裁切原素材。

在 Premiere Pro CC 2014 中，插入"时间轴"面板中的视频素材，其视频与音频本身就是分离的。所以当使用"剃刀工具"单击视频轨道时，分割的是视频片段，要想在相同位置分割音频，必须保持

"当前时间指示器"的位置不变，再次使用"剃刀工具"在音频轨道中单击，如图 5-45 所示。

图 5-45　分割音频

最后，使用"选择工具"单击多余素材片段后，按 Delete 键将其删除，如图 5-46 所示，即可完成裁切素材多余部分的操作。

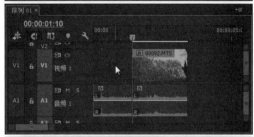

图 5-46　删除素材片段

要想同时分割视频与音频素材，必须在选择"剃刀工具"后，按住 Shift 键单击，才能将"时间轴"面板中的所有视频素材分割为两个部分，如图 5-47 所示。

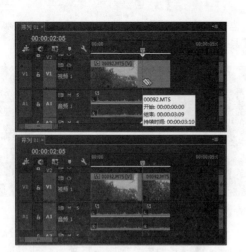

图 5-47　分割所有轨道中的素材

3. 调整素材播放速度

Premiere 中的每种素材都有其特定的播放速度与播放时间。通常情况下，音视频素材的播放速度与播放时间由素材本身所决定，而图像素材的播放时间则为 5 秒。不过，根据影片编辑的需求，很多时候需要调整素材的播放速度或播放时间。

要调整素材的播放速度非常简单，只要将素材插入"时间轴"面板后，将光标指向素材的末端。当光标变为"向右箭头"图标时，向右拖曳鼠标，即可随意延长其播放时间，如图 5-48 所示。

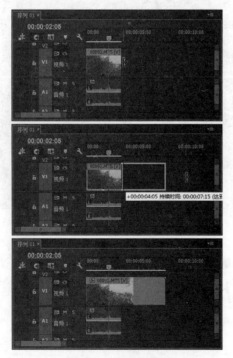

图 5-48　延长播放时间

5.3.3　课堂练一练：制作快慢镜头效果

普通的视频文件，通过设置其播放速度，能够得到画面的快、慢镜头效果。而视频的播放速度，除了通过手动的方式进行调整外，还可以进行精确设置。如图 5-49 所示为视频的快、慢镜头效果。

图 5-49　快、慢镜头效果

步骤 01 启动 Premiere Pro CC 2014，在"新建项目"对话框中，单击"浏览"按钮，选择文件的保存位置。在"名称"栏中输入"制作快慢镜头效果"文本，单击"确定"按钮创建新项目，如图 5-50 所示。

图 5-50　新建项目

步骤 02 在"项目"面板中，单击"新建项"按钮，在弹出的列表中选择"序列"选项，如图 5-51 所示。

图 5-51　选择"序列"选项

步骤 03 在打开的"新建序列"对话框中,选择"可用预设"列表中 DV-PAL/"宽屏 32kHz"选项,如图 5-52 所示。单击"确定"按钮,即可新建空白序列。

图 5-52　"新建序列"对话框

步骤 04 在"项目"面板中双击,打开"导入"对话框。在光盘中选择视频素材文件后,单击"打开"按钮,如图 5-53 所示,即可将视频素材导入Premiere 中。

图 5-53　"导入"对话框

步骤 05 在"项目"面板中选中视频素材后,直接

将其拖入"时间轴"面板的 V1 轨道中。当视频素材与序列尺寸不符时,Premiere 会弹出"剪辑不匹配警告"对话框,直接单击"更改序列设置"按钮,即可按照视频的尺寸显示在"节目"监视器面板中,如图 5-54 所示。

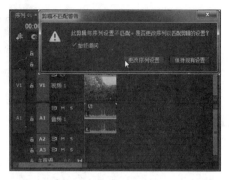

图 5-54　将视频素材插入视频轨道中

步骤 06 在"节目"监视器面板中,单击"播放 - 停止播放"按钮查看视频内容,发现该视频总长度为 00:00:08:21,其画面内容为一个建筑物的拉近与放远效果,如图 5-55 所示。

图 5-55　预览视频内容

步骤 07 将"时间轴"面板中的"当前时间指示器"移至 00:00:03:21 的位置,选择"剃刀工具",在其位置上按住 Shift 键单击,将该段视频和音频分别分割成两段,如图 5-56 所示。

图 5-56　分割视频

步骤 08 使用"选择工具"同时选中第一段视频和音频后右击，选择菜单中的"速度／持续时间"选项，在打开的"剪辑速度／持续时间"对话框中，设置"速度"为 150%，如图 5-57 所示。

图 5-57　"剪辑速度／持续时间"对话框

步骤 09 单击"确定"按钮后，发现第一段视频与音频播放时间从 00:00:03:21 缩至 00:00:02:14，如图 5-58 所示。

图 5-58　缩短播放时间

步骤 10 按照上述方法，设置第二段视频与音频的速度为 50%，延长其播放时间，如图 5-59 所示。

步骤 11 继续选中第二段视频与音频，单击并向左拖曳使其与第一段视频无缝隙地连接在一起，形成一段完整的视频，如图 5-60 所示。

图 5-59　延长播放时间　　　　　　　　　　图 5-60　移动视频

步骤 12 完成编辑后，按快捷键 Ctrl+S 保存项目文件。再次单击"节目"监视器面板中的"播放 - 停止播放"按钮，查看视频效果，此时会发现画面具有强烈的节奏感。

5.4　装配序列

　　视频剪辑并不是简单地将录制好的视频文件无缝隙地连接在一起，而是有选择性地将视频文件进行拼接。当熟悉监视器面板与"时间轴"面板后，就可以将两者结合，针对不同视频素材的设置、剪辑与合成，从而组成自己的视频短片。

5.4.1 使用标记

编辑影片时，在素材或时间轴上添加标记后，可以在随后的编辑过程中快速切换至标记的位置，从而实现快速查找视频帧，或与时间轴上的其他素材快速对齐的目的。

1. 为素材添加标记

在"源"监视器面板中，确定"当前时间指示器"的位置后，单击"设置未编号标记"按钮，即可在当前视频帧的位置添加无编号的标记，如图 5-61 所示。

图 5-61　添加未编号标记

此时，将含有未编号标记的素材添加至时间轴后，即可在素材上看到标记符号，如图 5-62 所示。在含有相关的音视频素材中，所添加的未编号标记将同时作用于素材的音频部分和视频部分。

图 5-62　包含未编号标记的素材

2. 在时间标尺上设置标记

在时间标尺上设置标记不仅可以为"素材源"面板内的素材添加标记，还可以在"时间轴"面板内直接为序列添加标记。这样一来，便可快速将素材与某个固定时间对齐。

在"时间轴"面板中，将"当前时间指示器"移动至合适位置后，单击面板内的"添加标记"按钮，即可在当前标尺的位置上添加无编号标记，如图 5-63 所示。

图 5-63　在时间轴标尺上添加未编号标记

3. 标记的应用

为素材或时间轴添加标记后，便可以利用这些标记来完成对齐素材或查看素材内的某一视频帧等操作，从而提高影片编辑的效率。

■ 对齐素材

在"时间轴"面板内拖曳含有标记的素材时，利用素材内的标记可以快速与其他轨道内的素材对齐，或将当前素材内的标记与其他素材内的标记对齐，如图 5-64 所示。

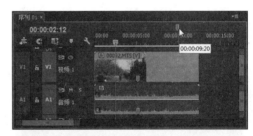

图 5-64　使用标记对齐素材

■ 查找标记

在"源"监视器面板中，单击"到下一标记"按钮，则可将"当前时间指示器"移至下一个标记处，如图 5-65 所示。如果单击该面板内的"到前一标记"

按钮，即可将"当前时间指示器"快速移动至前一个标记处。

图 5-65　查找素材内的标记

　　如果要在"时间轴"面板内查找标记，只需右击"时间轴"面板内的时间标尺，选择"转到一下标记"命令，即可将"当前时间指示器"快速移动至下一个标记处，如图 5-66 所示，如果选择"转到上一标记"命令，则可将"当前时间指示器"移至前一个标记处。

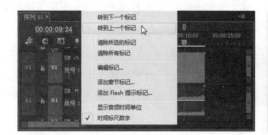

图 5-66　在时间轴上查找标记

5.4.2　插入和叠加编辑

　　在"源"监视器面板内完成对素材进行的各种操作后，便可以将调整后的素材添加至时间轴上。从"源"监视器面板向"时间轴"面板中添加视频素材，有两种添加方法——插入与叠加。

1. 插入编辑

　　在当前时间轴上没有任何素材的情况下，在"源"监视器面板中右击，选择"插入"命令向时间轴内添加素材的结果，与直接向时间轴添加素材的结果完全相同。不过，将"当前时间指示器"移至时间轴已有素材的中间时，单击"源"监视器面板中的"插入"按钮，Premiere 会将时间轴上的素材一分为二，并将"源"监视器面板内的素材添加至两者之间，如图 5-67 所示。

图 5-67　插入编辑素材

2．覆盖编辑

与插入编辑不同，当用户采用覆盖编辑的方式在时间轴已有素材中间添加新素材时，新素材将会从"当前时间指示器"处替换相应时间的源有素材片段，如图 5-68 所示。其结果是，时间轴上的原有素材内容会减少。

图 5-68　以覆盖编辑方式添加素材

5.4.3　提升与提取编辑

在"节目"监视器面板中，Premiere 提供了两个方便的素材剪除工具，以便快速删除序列内的某个部分，下面将对其应用方法进行简单介绍。

1．提升编辑操作

提升操作的功能是从序列内删除部分内容，但不会消除因删除素材内容而造成的间隙，其编辑方法是，打开待修改项目后，分别在所要删除部分的首帧和末帧位置设置入点与出点，如图 5-69 所示。

图 5-69　设置入点与出点

然后，单击"节目"监视器面板内的"提升"按钮，即可从入点与出点处裁切素材后，将出、入点区间内的素材删除，如图 5-70 所示。无论出、入点区间内有多少素材，都将在执行提升操作时被删除。

图 5-70　执行提升操作

2. 提取编辑操作

与提升操作不同的是，提取编辑会在删除部分序列内容的同时，消除因此而产生的间隙，从而减少序列的持续时间。例如"节目"监视器面板中为序列设置入点与出点后，单击"节目"监视器面板中的"提取"按钮，其结果如图 5-71 所示。

图 5-71　执行提取操作

5.4.4　课堂练一练：嵌套序列

对于较为复杂的视频效果，在制作过程中可以通过建立多个序列来简化操作步骤，从而使源文件中的素材与项目更为明朗化。其中，一个时间轴中可以包含多个序列，而每个序列内则装载着各种各样的视频素材。

步骤 01 在 Premiere Pro 中，按快捷键 Ctrl+Alt+N 打开"新建项目"对话框。单击"浏览"按钮，选择文件的保存位置。在"名称"栏中输入"嵌套序列"文本，单击"确定"按钮，创建新项目，如图 5-72 所示。

步骤 02 在"项目"面板中双击，将光盘中的两个视频文件导入其中后，新建"序列 01"，如图 5-73 所示。

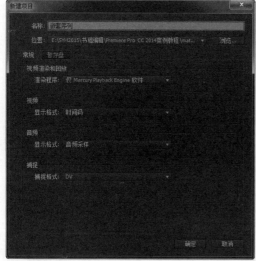

图 5-72　新建项目

图 5-73　导入素材并新建序列

步骤 03 选中"项目"面板中的 00089.mts 素材后，将其拖至"时间轴"面板的 V1 轨道，使该素材放置在"序列 01"中，如图 5-74 所示。

步骤 04 继续在"项目"面板中新建"序列 02"，此时，"时间轴"面板中切换到"序列 02"的时间轴，如图 5-75 所示。

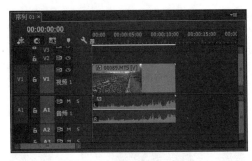
图 5-74 将素材插入序列中

图 5-75 新建序列 2

步骤 05 选中"项目"面板中的 00115.mts 素材后,将其插入"序列 02"的时间轴中,完成两个序列的素材插入操作,如图 5-76 所示。

步骤 06 在"时间轴"面板中切换至"序列 01",将"项目"面板中的"序列 02"拖至 V2 轨道中,使其作为素材放置在轨道中,形成嵌套序列,如图 5-77 所示。

图 5-76 插入素材至时间轴

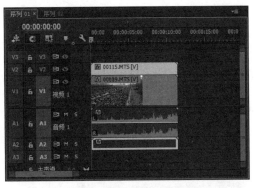
图 5-77 创建嵌套序列

提示

将序列插入另外一个序列时,其实是将序列作为一个素材插入其中的。无论序列中包含多少个素材,均会一一显示在轨道中。

5.5 高级编辑工具

视频素材的剪辑主要还是在"时间轴"面板中的,为此 Premiere Pro 提供了多个编辑工具在工具栏中。而某些工具是特别针对两个或两个以上视频短片的编辑操作的。

5.5.1 课堂练一练:视频滚动编辑

当在同一个轨道中插入多个素材后,要想改变视频中的出点和入点,不需要在"项目"面板或者"源"监视器面板中设置后重新插入轨道中,只要使用"滚动编辑工具"即可实现该操作。

步骤 01 当新建项目文件及序列后,双击"项目"面板中的空白区域,将光盘中的两个视频文件导入其中,如图 5-78 所示。

步骤 02 在"项目"面板中,选中视频 00118.mts 并确定"当前时间指示器"的位置后,按快捷键 I 确定该视频的入点,如图 5-79 所示。

图 5-78　导入视频文件

图 5-79　设置视频入点

步骤 03 继续向右拖曳"当前时间指示器"并确定位置后，按快捷键 O 设置该视频的出点，如图 5-80所示。

图 5-80　设置视频出点

步骤 04 按照上述方法，设置 00908.mts 视频的出、入点，并将这两段视频插入"时间轴"面板的 V1轨道中，并删除音频片段，如图 5-81 所示。

图 5-81　插入视频

高手指点

在进行滚动编辑操作时，必须为所编辑的两段素材设置入点和出点。否则，将无法进行两段素材之间的调节操作。

步骤 05 选择工具栏中的"滚动编辑工具"，在"时间轴"面板内将该光标置于两段视频之间，光标变为"双层双向箭头"图标，如图 5-82 所示。

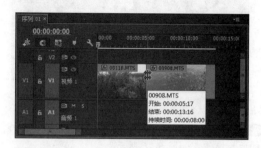

图 5-82　选择滚动编辑工具并指向视频

指点迷津

由于 Premiere Pro CC 2014 中的视频与音频默认为分离状态，所以在进行持续时间的操作时，就不会同时进行编辑。这里为了更清晰地介绍工具的操作方法，将音频删除了。在实际工作中，则需要依次处理视频和音频的持续时间，以保持两者之间的同步播放。

步骤 06 当向右拖曳鼠标时，在序列上向右移动素材 00118.mts 出点的同时，将素材 00908.mts 的入点也在序列上向右移动相应距离，如图 5-83 所示。

图 5-83　滚动编辑操作

步骤 07 此时，在不更改序列持续时间的情况下，增加素材 00118.mts 在序列内的持续播放时间，并减少素材 00908.mts 在序列内相应的播放时间，如图 5-84 所示。

图 5-84　更改视频出、入点位置

步骤 08 至此滚动编辑操作完成，按快捷键 Ctrl+S

保存该项目。

提示

如果使用"滚动编辑工具"向左拖曳，则会在序列持续播放时间不变的情况下，减少素材 00118.mts 的播放时间与播放内容，而素材 00908.mts 增加相应的播放时间与播放内容。

5.5.2 课堂练一练：视频波纹编辑

当轨道中插入两段视频时，要想在改变其中一段视频持续时间的同时，不影响另外一段视频，可以使用 Premiere Pro 中的"波纹编辑工具"。此时，就会改变整个视频的持续时间。

步骤 01 在一个项目中的"项目"面板内，已经导入两段视频素材并新建序列时，只要将这两段视频同时插入"时间轴"面板的轨道中，如图 5-85 所示，就能够实现两段视频的顺序播放效果。

图 5-85　同时插入轨道中

步骤 02 选择工具栏中的"波纹编辑工具"，将鼠标置于"时间轴"面板的 00142.MTS 素材的末尾，光标为右括号与箭头图标，如图 5-86 所示。

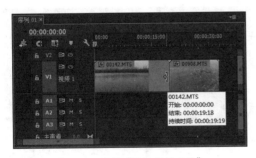

图 5-86　选择"波纹编辑工具"

步骤 03 将鼠标向左拖曳时，会移动素材 00142.MTS 的出点，从而减少其播放时间与内容。而素材 00908.MTS 不会发生任何变化，但该素材在序列上的位置却会随着素材 00142.MTS 持续时间的减少而移动相应的距离，如图 5-87 所示。

图 5-87　波纹编辑操作

步骤 04 在进行波纹编辑时，能够在"节目"监视器面板中查看两段视频的显示时间，从而确定视频的播放内容，如图 5-88 所示。

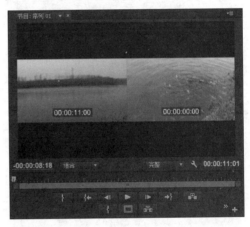

图 5-88　"节目"监视器面板显示

步骤 05 至此波纹编辑操作完成，按快捷键 Ctrl+S 保存该项目。

5.5.3 课堂练一练：视频外滑与内滑编辑

当轨道中插入两段或两段以上的视频时，要想改变某段视频的出点或入点，则可以通过 Premiere Pro 中的"外滑工具"与"内滑工具"来操作。前者用来剪辑当前视频的入点与出点；后者则用来剪辑当前视频两侧首尾的内容。

步骤 01 当"项目"面板中已经导入 3 段不同的视频后，分别使用快捷键快速为视频设置粗略的入点和出点，如图 5-89 所示。

步骤 02 新建空白序列后，同时选中 3 段视频，插入"时间轴"面板的 V1 轨道中，并依次将视频中的音频删除，如图 5-90 所示。

图 5-89　设置入点与出点

图 5-92　外滑编辑

图 5-90　插入视频文件

步骤 03 选择工具栏中的"外滑工具"，将光标指向轨道中间的素材上，光标变成"外滑工具"图标，如图 5-91 所示。

步骤 05 继续选择工具栏中的"内滑工具"，再次将光标指向轨道中间的素材上，光标变成"内滑工具"图标，如图 5-93 所示。

图 5-93　选择"内滑工具"

图 5-91　选择"外滑工具"

步骤 04 单击并向左拖曳鼠标，改变选中视频的入点与出点的同时，两侧的视频没有发生任何变化，如图 5-92 所示。

步骤 06 单击并向左拖曳鼠标，改变左侧视频的出点，以及右侧视频的入点，而中间的视频则不发生变化，如图 5-94 所示。

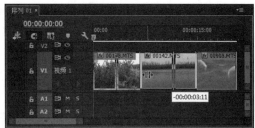

图 5-94 内滑操作

提示

上述操作的结果是，序列内左侧素材的出点与右侧素材的入点同时向左移动，左侧素材的持续时间有所减少，而右侧素材的持续时间则有所增加。而且，右侧素材所增加的持续时间与左侧素材所减少的持续时间相同，整个序列的持续时间保持不变。至于中间的素材，其播放内容与持续时间都不会发生改变。

步骤 07 至此视频的外滑与内滑操作完成，按快捷键 Ctrl+S 保存项目即可。

5.6 习题测试

1. 填空题

（1）在"时间轴"面板中，通过单击 _____ 可以添加标记。

（2）利用 _____ 工具，可以在"时间轴"面板内通过直接拖曳相邻素材边界的方法，同时更改编辑两侧素材的入点或出点。

2. 操作题

利用快捷键 I 在"项目"面板中快速为视频设置入点，如图 5-95 所示。

图 5-95 设置入点

5.7 本课小结

　　在视频剪辑过程中，"时间轴"、"源"监视器，以及"节目"监视器这三个面板是必不可少的操作组件。其中一些简单的视频操作既可以在"源"监视器面板中进行，也可以在"时间轴"面板中进行，而较为复杂的剪辑操作，则必须在"时间轴"面板中进行。通过本课的学习，能够掌握视频剪辑的基本操作，从而将琐碎的视频片段组合为一段完整的视频。

第 6 课 创建视频字幕

创建视频字幕

Premiere Pro CC 2014 提供了快速制作视频字幕的功能，可以在视频画面中添加漂亮的字幕效果，本课就学习字幕的创建与使用的方法。字幕以文字形式显示电视、电影、舞台作品中的对话等非影像内容，也泛指影视作品后期加工的文字。此外，在各式各样的广告中，精美的字幕不仅能够起到为影片增光添彩的作用，还能够快速、直接地向观众传达信息。

技术要点：

◆ 了解字幕工具
◆ 创建文本字幕
◆ 调整字幕属性
◆ 使用实时文本模板

6.1 创建字幕

视频中的字幕效果并不是在拍摄视频时自动产生的，而是在后期视频剪辑时进行创建与添加而成的。作为影片中的一个重要组成部分，字幕独立于视频、音频这些常规内容。为此，Premiere 为字幕准备了一个与音视频编辑区域完全隔离的字幕工作区，以便用户能够专注于字幕的创建工作。

6.1.1 认识字幕工作区

在 Premiere 中，所有字幕都是在字幕工作区域内创建完成的。在该工作区域中，不仅可以创建和编辑静态字幕，还可以制作各种动态的字幕效果。要想打开字幕工作区，首先要执行"文件"¦"新建"¦"字幕"命令（快捷键 Ctrl+T），直接单击"新建字幕"对话框中的"确定"按钮，即可弹出字幕工作区，如图 6-1 所示。在默认状态下，在工作区中部显示素材画面的区域内单击鼠标，即可输入文字内容。

1. "字幕"面板

该面板是创建、编辑字幕的主要工作场所，不仅可在该面板内直观地了解字幕应用于影片后的效果，还可以直接对其进行修改。"字幕"面板共分为属性栏和编辑窗口两部分，其中编辑窗口是创建和编辑字幕的区域；而属性栏内则含有"字体"、"字体样式"等字幕对象的常见属性设置项，以便快速调整字幕对象，从而提高创建及修改字幕的工作效率，如图 6-2 所示。

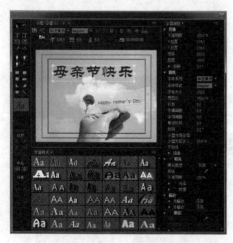

图 6-1 Premiere 字幕工作区

图 6-2 "字幕"面板的组成

2. "字幕工具"面板

"字幕工具"面板内放置着制作和编辑字幕时所要用到的工具。利用这些工具，不仅可以在字幕内加入文本，还可以绘制简单的几何图形，以下是各个工具的详细讲解。

▷ 选择工具：利用该工具，只需在"字幕"面板内单击文本或图形后，即可选择这些对象。此时，所选对象的周围将会出现多个角点，如图 6-3 所示。在结合 Shift 键后，还可以选择多个文本或图形对象。

图 6-3 选择字幕对象

▷ 旋转工具：用于对文本进行旋转操作。

▷ 文字工具：该工具用于输入水平方向上的文字。

▷ 垂直文字工具：该工具用于在垂直方向上输入文字。

▷ 文本框工具：可以在水平方向上输入多行文字。

▷ 垂直文本框工具：可以在垂直方向上输入多行文字。

▷ 路径输入工具：可以沿弯曲的路径输入平行于路径的文本。

▷ 垂直路径输入工具：可以沿弯曲的路径输入垂直于路径的文本。

▷ 钢笔工具：用于创建和调整路径，如图 6-4 所示。此外，还可以通过调整路径的形状而影响由"路径输入工具"和"垂直路径输入工具"所创建的路径文字。

图 6-4 路径与路径节点

> **提示**
>
> Premiere 字幕内的路径是一种既可反复调整的曲线对象，又具有填充颜色、线宽等文本或图形属性的特殊对象。

▷ 添加定位点工具：可以增加路径上的节点，常与"钢笔工具"配合使用。路径上的节点数量越多，用户对路径的控制也就越为灵活，路径所能够呈现出的形状也就越复杂。

▷ 删除定位点工具：可以减少路径上的节点，也常与"钢笔工具"配合使用。当使用"删除定位点工具"将路径上的所有节点删除后，该路径对象也会随之消失。

▷ 转换定位点工具：路径内每个节点都包含两个控制柄，而"转换定位点工具"的作用便是通过调整节点上的控制柄，达到调整路径形状的作用，如图 6-5 所示。

图 6-5 调整节点控制柄

▷ 矩形工具：用于绘制矩形图形，配合 Shift 键使用可以绘制正方形。

▷ 圆角矩形工具：用于绘制圆角矩形，配合 Shift 键使用可以绘制出长、宽相同的圆角矩形。

▷ 切角矩形工具：用于绘制八边形，配合 Shift 键使用可以绘制出正八边形。

▷ 圆矩形工具：该工具用于绘制的形状类似于胶囊的形状，所绘图形与圆角矩形的差别在于：圆角矩形图形具有 4 条直线边，而圆矩形只有 2 条直线边。

▷ 三角形工具：用于绘制不同样式的三角形。

▷ 圆弧工具：用于绘制封闭的弧形对象。

▷ 椭圆工具：该工具用于绘制椭圆形。

▷ 直线工具：用于绘制直线。

3．"字幕动作"面板

该面板内的工具用于在"字幕"面板的编辑窗口中对齐或排列所选对象，其中，各工具的作用如表 6-1 所示。

表 6-1　对齐与分布工具按钮的作用

	名称	图标	作用
对齐	水平靠左		所选对象以最左侧对象的左边线为基准进行对齐。
	水平居中		所选对象以中间对象的水平中线为基准进行对齐。
	水平靠右		所选对象以最右侧对象的右边线为基准进行对齐。
	垂直靠上		所选对象以最上方对象的顶边线为基准进行对齐。
	垂直居中		所选对象以中间对象的垂直中线为基准进行对齐。
	垂直靠下		所选对象以最下方对象的底边线为基准进行对齐。
中心	水平居中		在垂直方向上，与视频画面的水平中心保持一致。
	垂直居中		在水平方向上，与视频画面的垂直中心保持一致。
分布	水平靠左		以左右两侧对象的左边线为界，使相邻对象左边线的间距保持一致。
	水平居中		以左右两侧对象的垂直中心线为界，使相邻对象中心线的间距保持一致。
	水平靠右		以左右两侧对象的右边线为界，使相邻对象右边线的间距保持一致。
	水平等距间隔		以左右两侧对象为界，使相邻对象的垂直间距保持一致。
	垂直靠上		以上下两侧对象的顶边线为界，使相邻对象顶边线的间距保持一致。
	垂直居中		以上下两侧对象的水平中心线为界，使相邻对象中心线的间距保持一致。
	垂直靠下		以上下两侧对象的底边线为界，使相邻对象底边线的间距保持一致。
	垂直等距间隔		以上下两侧对象为界，使相邻对象的水平间距保持一致。

高手支招

至少在选择两个对象后，"对齐"选项组内的工具才会被激活，而"分布"选项组内的工具则至少要在选择 3 个对象后才会被激活。

4. "字幕样式"面板

该面板存放着 Premiere 内的各种预置字幕样式。利用这些字幕样式，用户只需创建字幕内容后，即可快速获得各种精美的字幕素材，如图 6-6 所示。其中，字幕样式可以应用于所有字幕对象，包括文本与图形。

图 6-6　快速创建精美的字幕素材

5. "字幕属性"面板

在 Premiere 中，所有与字幕内各对象属性相关的选项都被放置在"字幕属性"面板中。利用该面板内的各种选项，用户不仅可以对字幕的位置、大小、颜色等基本属性进行调整，还可以为其定制描边与阴影效果，如图 6-7 所示。

图 6-7　调整字幕属性

提示

Premiere 内的各种字幕样式实质上是记录着不同属性的属性参数集，而应用字幕样式便是将这些属性参数集内的参数应用于当前所选对象。

6.1.2　创建各种类型字幕

文本字幕分为多种类型，除了基本的水平字幕和垂直文本字幕以外，Premiere 还能够创建路径文本字幕，以及动态字幕。

1. 创建水平文本字幕

水平文本字幕是指沿水平方向进行排布的字幕类型。在字幕工作区中，使用"文字工具"在"字幕"面板内编辑窗口的任意位置单击后，即可输入相应文字，从而创建水平文本字幕，如图 6-8 所示。在输入文本内容的过程中，按 Enter 键可以换行，从而使接下来的内容另起一行。

图 6-8　创建水平文本字幕

此外，使用"区域文字工具"在编辑窗口内绘制文本框，并输入文字内容后，还可以创建水平多行文本字幕，如图 6-9 所示。

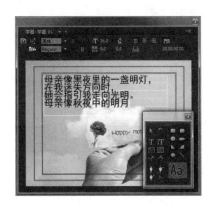

图 6-9　创建水平多行文本字幕

在实际应用中，虽然使用"文字工具"时只需按下 Enter 键即可获得多行文本效果，但仍旧与"区域文字工具"所创建的水平多行文本字幕有着本质的区别。例如，当使用"选择工具"拖曳文本字幕的角点时，字幕文字将会随角点位置的变化而变形；而在使用相同方法调整多行文本字幕时，只是文本框的形状发生变化，从而使文本的位置发生变化，但文字本身却不会有任何改变，如图 6-10 所示。

图 6-10　不同水平文本字幕间的差别

2. 创建垂直文本字幕

垂直类文本字幕的创建方法与水平类文本字幕的创建方法极为类似。例如，使用"垂直文字工具"在编辑窗口内单击后，输入相应的文字内容即可创建垂直文本字幕；使用"垂直区域文字工具"在编辑窗口内绘制文本框后，输入相应文字即可创建垂直多行文本字幕，如图 6-11 所示。

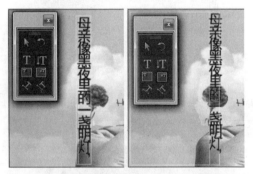

图 6-11　创建垂直类文本字幕

提示

无论是普通的垂直文本字幕，还是垂直多行文本字幕，其阅读顺序都是从上至下、从右至左的顺序。

3. 创建路径文本字幕

与水平文本字幕和垂直文本字幕相比，路径文

本字幕的特点是能够通过调整路径形状而改变字幕的整体形态，但其必须依附于路径才能够存在。其创建方法如下。

使用"路径文字工具"单击字幕编辑窗口内的任意位置后，创建路径的第一个节点，使用相同方法创建第二个节点，并通过调整节点上的控制柄来修改路径形状，如图 6-12 所示。

图 6-12　绘制路径

完成路径的绘制后，使用相同的工具在路径中单击，直接输入文本内容，即可完成路径文本的创建，如图 6-13 所示。

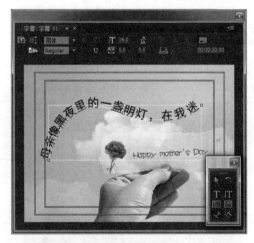

图 6-13　创建路径文本

运用相同方法，使用"垂直路径文字工具"，则可以创建沿路径垂直方向排列的文本字幕，如图 6-14 所示。

图 6-14　创建垂直路径文字

指点迷津

创建路径文本字幕时必须重新创建路径，而无法在现有路径的基础上添加文本。

4．创建动态字幕

根据素材类型的不同，可以将 Premiere 内的字幕素材分为静态字幕和动态字幕两大类型。在此之前所创建的都属于静态字幕，即本身不会运动的字幕；相比之下，动态字幕则是字幕本身就可以运动的字幕类型。

■ 创建游动字幕

游动字幕是指在屏幕上进行水平运动的动态字幕类型，分为从左至右游动和从右至左游动两种方式。其中，从右至左游动是游动字幕的默认设置，电视节目制作时多用于飞播信息，在 Premiere 中，游动字幕的创建方法如下。

在 Premiere 主界面中，执行"字幕"｜"新建字幕"｜"默认游动字幕"命令后，在弹出的对话框

内设置字幕素材的各项属性，如图 6-15 所示。

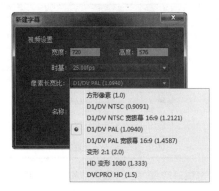

图 6-15　设置游动字幕属性

接下来，即可按照创建静态字幕的方法，在打开的字幕工作区内创建游动字幕了。完成后，选择字幕文本，并执行"字幕"｜"滚动 / 游动选项"命令，在弹出的对话框内勾选"开始于屏幕外"和"结束于屏幕外"复选框，如图 6-16 所示。

图 6-16　调整字幕游动设置

在"滚动 / 游动选项"对话框中，各选项的含义及其作用，如表 6-2 所示。

表 6-2　"滚动 / 游动选项"对话框内各选项的作用

选项组	选项名称	作用
字幕类型	静态	将字幕设置为静态字幕
	滚动	将字幕设置为滚动字幕
	向左游动	设置字幕从右向左运动
	向右游动	设置字幕从左向右运动

续表

选项组	选项名称	作用
定时（帧）	开始于屏幕外	将字幕运动的起始位置设于屏幕外侧
	结束于屏幕外	将字幕运动的结束位置设于屏幕外侧
	预卷	设置字幕在运动之前保持静止的帧数
	缓入	设置字幕在到达正常播放速度之前，逐渐加速的帧数
	缓出	设置字幕在即将结束之时，逐渐减速的帧数
	过卷	设置字幕在运动之后保持静止的帧数

单击该对话框内的"确定"按钮后，即可完成游动字幕的创建。此时，便可以将其添加至"时间轴"面板内，并预览其效果，如图 6-17 所示。

图 6-17　游动字幕效果

■　创建滚动字幕

滚动字幕的效果是从屏幕下方逐渐向上运动的，在影视节目制作中多用于节目末尾演职员表的制作。在 Premiere 中，执行"字幕"|"新建字幕"|"默认滚动字幕"命令，并在弹出的对话框内设置字幕素材的属性后，即可参照静态字幕的创建方法，在字幕工作区内创建滚动字幕。执行"字幕"|"滚动/游动选项"命令后，设置其选项即可，其播放效果如图 6-18 所示。

图 6-18　滚动字幕效果

6.2　应用图形字幕对象

在"字幕"面板中，不仅能够输入文本，还能够绘制矢量图形。在 Premiere Pro 中，使用"矩形工具"、"圆角矩形工具"、"切角矩形工具"，以及"弧形工具"等能够绘制相应形状的几何图形，而使用"钢笔工具"则能够绘制任意形状的图形。

6.2.1　绘制图形

使用 Premiere 的任何绘图工具直接绘制出来的图形，都称为"基本图形"，而且所有 Premiere 基本图形的创建方法都是相同的，只需选择某一个绘制工具后，在"字幕"编辑窗口内单击并拖曳，即可创建相应的图形字幕对象，如图 6-19 所示。

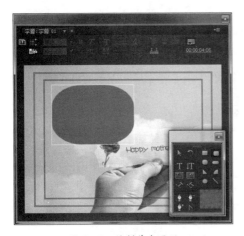

图 6-19　绘制基本图形

提示

默认情况下，Premiere 会将之前刚刚创建字幕对象的属性应用于新创建的字幕对象本身。

在选择绘制的图形字幕对象后，还可以在"字幕属性"面板内的"属性"选项组中，通过调整"绘图类型"下拉列表内的选项，将一种基本图形转化为其他基本图形，如图 6-20 所示。

图 6-20　转换基本图形

6.2.2　贝塞尔曲线工具

在创建字幕的过程中，仅仅依靠 Premiere 所提供的绘图工具往往无法满足图形绘制的需求。此时，可以通过变形图形对象，并配合使用"钢笔工具"、"转换锚点工具"等，实现创建复杂图形字幕对象的目的。

利用 Premiere 提供的钢笔类工具，能够通过绘制各种形状的贝赛尔曲线来完成复杂图形的创建工作。首先执行"文件"｜"新建"｜"颜色遮罩"命令，单击弹出的"新建颜色遮罩"对话框中的"确定"按钮。在弹出的"拾色器"对话框中选择颜色。最后在弹出的"选择名称"对话框中设置名称，即可

将创建的颜色遮罩素材导入"时间轴"面板内的轨迹中，如图 6-21 所示。

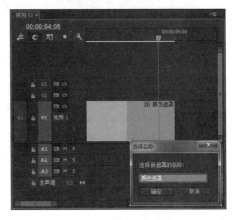

图 6-21　创建颜色遮罩

提示

创建并在"时间轴"面板内添加颜色遮罩素材并不是绘制复杂图形字幕的必要前提，但完成上述操作可以使"字幕"面板拥有一个单色的绘制区域，从而便于用户的图形绘制操作。

接着创建字幕，在"字幕工具"面板内选择"钢笔工具"后，在"字幕"面板的绘制区内创建第一个路径节点，如图 6-22 所示。在创建节点时，按下鼠标左键后拖曳鼠标，可以调出该节点的两个节点控制柄，从而便于随后对路径的调整操作。

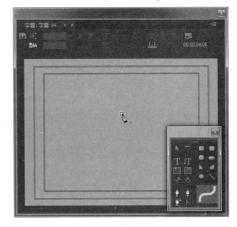

图 6-22　创建路径节点

使用相同的方法，连续创建多个带有节点控制柄的路径节点，并使其形成字幕图形的基本外轮廓，如图 6-23 所示。

在"字幕工具"面板内选择"转换定位点工具"，调整各个路径节点的节点控制柄，从而改变字幕对象的外轮廓，如图 6-24 所示。

中文版 Premiere 影视编辑课堂实录

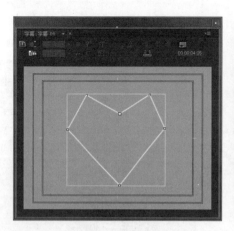

图 6-23 绘制路径

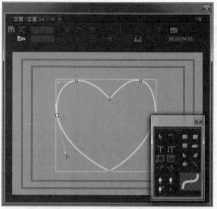

图 6-24 调整路径节点

提示

在该过程中，还可以使用"添加定位点工具"单击当前路径，在当前路径上添加一个新的节点。或者使用"删除定位点工具"单击当前路径上的路径节点，即可删除相应节点。

6.3 编辑字幕属性

在"字幕"面板中输入文本后，该文本就具有几个属性，例如，字体、大小、颜色等。而在"字幕属性"面板中，除了能够设置上述属性外，还能够对文本进行"变换"、"描边"、"阴影"等属性效果的设置。

6.3.1 调整字幕基本属性

在"字幕属性"面板的"变换"选项组中，可以对字幕在屏幕画面中的位置、大小与角度等属性进行调整。其中，各参数选项的作用如下。

▷ 不透明度：决定字幕对象的透明程度，为 0 时完全透明，100% 时不透明，如图 6-25 所示。

▷ X/Y 位置："X 位置"选项用于控制对象中心距画面原点的水平距离；而"Y 位置"选项至用于控制对象中心距画面原点的垂直距离，如图 6-26 所示。

图 6-25 字幕透明度效果

图 6-26 对象位置

▷ 宽度 / 高度："宽度"选项用调整对象最左侧至最右侧的距离；而"高度"选项则用调整对象顶

92

部至底部的距离，如图 6-27 所示。

▷ 旋转：控制对象的旋转对象，默认为 0°，即不旋转。输入数值，或者单击下方的角度圆盘，
即可改变文本显示的角度，如图 6-28 所示。

图 6-27　设置宽度与高度参数　　　　　图 6-28　旋转文本

6.3.2　设置文本对象

在 "字幕属性" 面板中，"属性" 选项组内的选项主要用于调整字幕文本的字体、大小、颜色等基本属性，
接下来我们将对其选项功能进行讲解。

"字体" 选项用于设置字体的类型，即可直接在 "字体" 列表框内输入字体名称，也可以在单击该
选项的下拉按钮后，在弹出的 "字体" 下拉列表内选择合适的字体，如图 6-29 所示。

图 6-29　选择字体类型

根据字体的不同，某些字体拥有多种不同的形态，而 "字体样式" 选项便用于指定当前所要显示的
字体形态。各样式选项的含义及作用如表 6-3 所示。

表 6-3   各样式选项的含义与作用

选项名称	含义	作用
Regular	标准	标准字体样式
Bold	粗体	字体笔画要粗于标准样式
Italic	斜体	字体略微向右侧倾斜
Bold Italic	粗斜体	字体笔画比标准样式要粗，且略微向右侧倾斜
Narrow	瘦体	字体宽高比小于标准字体样式，整体效果略"窄"

高手支招

并不是所有的字体都拥有多种样式，大多数字体仅拥有 Regular 样式。

　　"字体大小"选项用于控制文本的尺寸，其取值越大，则字体的尺寸越大；反之，则越小。而"宽高比"选项则是通过改变字体宽度来改变字体的宽高比，其取值大于 100% 时，字体将变宽；当取值小于 100% 时，字体将变窄，效果如图 6-30 所示。

图 6-30   不同宽高比的对比效果

　　"行距"选项用于控制文本内行与行之间的距离；而"字偶间距"则用于调整字与字之间的距离，如图 6-31 所示。

图 6-31   调整行距与字偶间距的效果

　　"字符间距"选项也可以用于调整字幕内字与字之间的距离，其调整效果与"字偶间距"选项的调整效果类似。两者之间的不同之处在于，"字偶间距"选项所调整的仅仅是字与字之间的距离，而"字符间距"选项调整的则是每个文字所拥有的位置宽度，如图 6-32 所示。

图 6-32   字偶间距与字符间距的对比效果

从图 6-32 中可以看出，随着"字符间距"参数的增大，字幕的右边界逐渐远离最右侧文字的右边界，而调整"字偶间距"参数却不会出现上述情况。

▷ 基线位移：该选项用于设置文字基线的位置，通常在配合"字体大小"选项后用于创建上标文字或下标文字。

▷ 倾斜：该选项用于调整字体的倾斜程度，其取值越大，字体所倾斜的角度也就越大。

▷ 小型大写字母和小型大写字母尺寸：启用"小型大写字母"复选框后，当前所选择的小写英文字母将被转化为大写英文字母，而"小型大写字母尺寸"选项则用于调整转化后大写英文字母的字体大小。

提示

"小型大写字母"选项只对小写英文字母有效，且只有在启用"小型大写字母"复选框后，"小型大写字母尺寸"选项才会起作用。

▷ 下画线：启用该复选框后，Premiere 便会在当前字幕或当前所选字幕文本的下方添加一条直线。

▷ 扭曲：在该选项中，分别通过调整 X 和 Y 选项的参数值，便可以起到让文字变形的作用。其中，当 X 项的取值小于 0 时，文字顶部宽度减小的程度会大于底部宽度减小的程度，此时文字会呈现出一种金字塔般的形状；当 X 项的取值大于 0 时，文字则会呈现出一种顶大底小的倒金字塔形状，如图 6-33 所示。

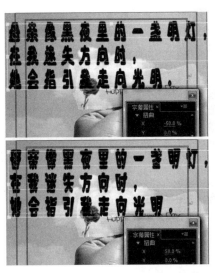

图 6-33　X 项扭曲效果

提示

当 Y 项的取值小于 0 时，文字将呈现一种左小右大的效果；而当 Y 项的取值大于 0 时，文字则会呈现出一种左大右小的效果。

6.3.3　课堂练一练：渐变填充文字

在创建视频字幕时，默认情况下其颜色显示的是单色效果。要想将单色文字调整为渐变效果，首先要确定填充类型，然后才能按照想要的颜色进行设置。如图 6-34 所示，就是将单色文字设置成渐变的效果。

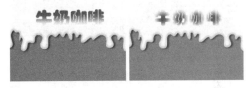

图 6-34　渐变填充文字

步骤 01 当创建"渐变填充文字"空白项目后，在"项目"面板中新建空白的"序列 01"，如图 6-35 所示。

图 6-35　新建项目与序列

步骤 02 双击"项目"面板的空白区域，将光盘中的图像素材文件导入其中，如图 6-36 所示。

图 6-36　导入素材

步骤 03 选中"项目"面板中的图像素材，并将其插入"时间轴"面板的 V1 轨道中，如图 6-37 所示。

图 6-37　插入图像素材

步骤 04 选择"字幕"|"新建字幕"|"默认静态字幕"命令，在打开的"新建字幕"对话框中直接单击"确定"按钮，打开"字幕"面板，如图 6-38 所示。

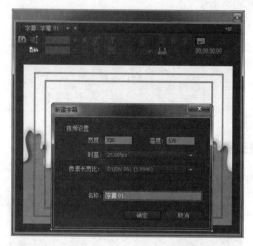

图 6-38　新建静态字幕

步骤 05 选择"字幕工具"面板中的"文字工具"，在白色区域单击并输入文本"牛奶咖啡"，默认状态下显示的为浅灰色文字，如图 6-39 所示。

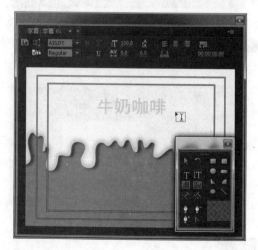

图 6-39　输入文本

步骤 06 选择"字幕工具"面板中的"选择工具"，

选中文本后在"字幕属性"面板的"属性"选项组中设置"字体系列"为"华文琥珀"，如图 6-40 所示。

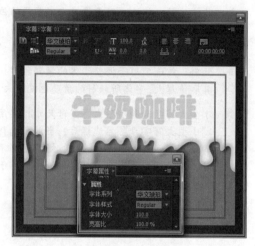

图 6-40　设置字体系列

步骤 07 此时"字幕属性"面板中的"填充"选项组被启用，而"填充类型"显示为"实底"，如图 6-41 所示。

图 6-41　填充类型

步骤 08 选择"填充类型"为"线性渐变"后，填充选项就会显示为与"线性渐变"相关的选项，如图 6-42 所示。

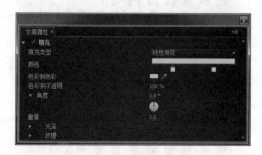

图 6-42　"线性渐变"的选项

步骤 09 双击颜色渐变条中的某个色块后，在打开的"拾色器"对话框中选择颜色，如图 6-43 所示，单击"确定"按钮。

图 6-43　改变色块颜色

步骤 10 关闭"拾色器"对话框后，发现"颜色"渐变条及文本颜色发生了变化，如图 6-44 所示。

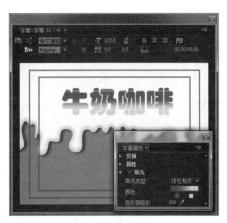

图 6-44　渐变文字

步骤 11 按照上述方法，双击渐变条上的另外一个色块，设置该色块为白色，发现渐变文字与白色背景相融合了，如图 6-45 所示。

图 6-45　设置渐变色块颜色

步骤 12 单击并拖曳渐变条中的色块，可以改变渐变颜色在文字的显示范围。如图 6-46 所示，将两个色块分别向两端拖曳。

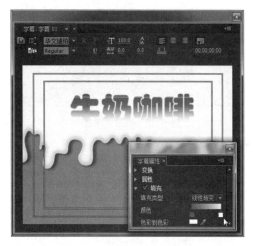

图 6-46　调整渐变颜色位置

步骤 13 当设置"填充类型"为"径向渐变"后，发现文字的渐变显示范围发生了变化，如图 6-47 所示。

图 6-47　文字径向渐变效果

高手支招

在"填充类型"下拉列表中，还包括四色渐变、斜面、消除，以及重影效果。不同的填充类型，其相关选项也会有所变化。只要设置相应的选项，即可得到不同的填充效果。

6.3.4　课堂练一练：创建描边文字

无论视频字幕是单色填充效果还是渐变填充效果，均能够为字幕添加描边效果。Premiere Pro 中

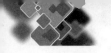

中文版 Premiere 影视编辑课堂实录

的描边效果多种多样，不仅能够设置外描边与内描边样式，还能够设置各种填充效果的描边。如图6-48所示为其中一种描边效果。

图 6-48　描边效果展示

步骤01 打开"渐变填充文字"项目文件，选择"文件"|"另存为"命令，将该项目另存为"创建描边文字"。打开"字幕"面板，设置"填充类型"为"实底"，并垂直向下移动文字，如图6-49所示。

图 6-49　设置填充类型

步骤02 单击"描边"选项组中"外描边"选项右侧的"添加"图标，为文字添加默认的描边效果，如图6-50所示。

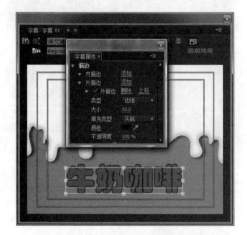

图 6-50　添加默认描边效果

步骤03 在显示的各种描边选项中，设置"大小"为20，增加描边粗细效果，如图6-51所示。

图 6-51　设置大小

提示

描边效果的"类型"下拉列表中包括"边缘"、"深度"与"凹进"子选项，这些子选项是用来设置描边的显示样式的。

步骤04 按照文字填充设置方式，设置描边颜色后，单击"不透明度"右侧的数值，设置描边颜色的不透明度，如图6-52所示。

图 6-52　设置描边的不透明度

步骤05 单击"内描边"选项右侧的"添加"图标，为文字添加默认的内描边效果，使文字形成双描边效果，如图6-53所示。

步骤06 分别为内描边与外描边的"大小"选项设置不同数值，加强双描边效果，如图6-54所示。

图 6-53 添加内描边

图 6-54 设置大小数值

6.3.5 课堂练一练：创建阴影文字

视频字幕的阴影效果与描边效果相同，均属于可选效果。而文字阴影不仅能够设置其颜色，还能够分别设置其大小、角度、距离等属性，从而得到不同时间段的阴影效果。如图 6-55 所示为其中一种阴影效果。

图 6-55 文字阴影效果

步骤 01 打开"渐变填充文字"项目文件，选择"文件"|"另存为"命令，将该项目另存为"创建阴影文字"。打开"字幕"面板，设置"填充类型"为"实底"。其中"阴影"选项组中的选项为不可用，如图 6-56 所示。

图 6-56 打开并另存为项目

步骤 02 在"字幕属性"面板中，启用"阴影"选项组，其下方的相关选项呈可用状态，如图 6-57 所示。

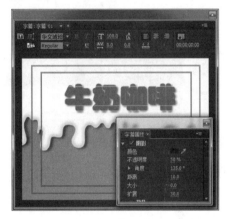

图 6-57 启用"阴影"选项组

步骤 03 设置"颜色"选项后，展开"角度"选项。此时既可以通过输入数值的方式设置阴影显示的角度，也可以通过单击角度圆盘来调整阴影显示的角度，如图 6-58 所示。

图 6-58 设置颜色与角度

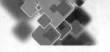

步骤 04 通过输入数值的方式，分别设置阴影显示的"距离"与"大小"选项，从而使阴影效果更加明显，如图 6-59 所示。

步骤 05 增加"扩展"选项的数值，使阴影更模糊，增强文字的空间感，如图 6-60 所示。

图 6-59 设置"距离"与"大小"选项

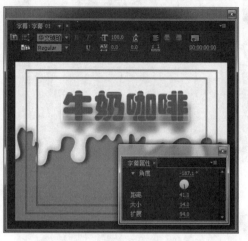

图 6-60 设置"扩展"选项

6.4 字幕样式

在 Premiere Pro 中，字幕样式是预置的字幕属性设置方案，使用字幕样式能够为视频字幕快速设置字幕的各种属性，例如字体、大小、颜色、阴影等，从而获得精美的字幕素材。

6.4.1 应用样式

在 Premiere 中，字幕样式的应用方法极其简单，只需在输入相应的字幕文本内容后，在"字幕样式"面板内单击某个字幕样式的图标，即可将其应用于当前字幕，如图 6-61 所示。

图 6-61 应用字幕样式

高手支招

在为字幕添加字幕样式后，还可以在"字幕属性"面板内设置字幕文本的各项属性，从而在字幕样式的基础上获取新的字幕效果。

如果需要有选择地应用字幕样式所记录的字幕属性，则可以在"字幕样式"面板内右击字幕样式预览图，选择"应用样式和字体大小"或"仅应用样式色彩及效果特性"命令，如图 6-62 所示。

图 6-62 有选择地应用字幕样式

6.4.2 课堂练一练：创建字幕样式

Premiere 中的字幕样式毕竟有限，当"字幕样式"面板中的样式没有想要的效果时，即可通过设置"字幕属性"面板中的各种选项来调整字幕效果。此时，将已经调整好的字幕效果创建为字幕样式，这样就能够重复使用该效果，从而减少操作时间。

步骤 01 在 Premiere 中，选择"文件"|"新建"|"项目"命令，在打开的"新建项目"对话框中设置"名称"为"创建字幕样式"，如图 6-63 所示。

图 6-63 新建项目

步骤 02 在"项目"面板中单击"新建项"按钮，选择"字幕"选项。在打开的"新建字幕"对话框中，直接单击"确定"按钮，即可创建静态字幕，如图 6-64 所示。

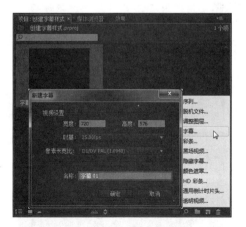

图 6-64 创建静态字幕

步骤 03 创建空白序列，双击"项目"面板中的"字幕 01"，打开"字幕"面板，如图 6-65 所示。

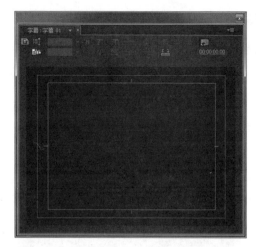

图 6-65 打开"字幕"面板

步骤 04 使用"文字工具"，输入任意字母。在"字幕属性"面板中设置"字体系列"为 Cooper Black，"字体大小"为 160，如图 6-66 所示。

图 6-66 输入字母并设置基本属性

步骤 05 选择"填充类型"为"四色渐变"，并依次双击四个角的色块，分别设置颜色为 #1FDC47、#0AF6D7、#0516F7，以及 #FAED21，如图 6-67 所示。

图 6-67 设置四色渐变

步骤06 启用"填充"选项组中的"光泽"选项，单击"颜色"右侧的色块，设置颜色为#F1FF19，并依次设置"大小"为37、"角度"为18°、"偏移"为46，如图6-68所示。

图 6-68　添加光泽效果

步骤07 添加外描边效果，并依次选择"类型"为"深度"，设置"大小"为24，"颜色"为白色，如图6-69所示。

图 6-69　添加外描边效果

步骤08 在"字幕样式"面板内单击"面板菜单"按钮，并选择"新建样式"命令。在弹出的"新建样式"对话框中，输入字幕样式名称，如图6-70所示。

图 6-70　"新建样式"对话框

步骤09 单击"确定"按钮，Premiere便会以该名称保存字幕样式。此时，即可在"字幕面板"内查看到所创建字幕样式的预览图，如图6-71所示。

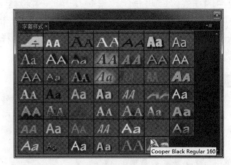

图 6-71　创建字幕样式

步骤10 再次新建"字幕02"后，在"字幕样式"面板中发现新建的样式仍然显示在其中，如图6-72所示。此时，使用"文字工具"输入任意文字。

图 6-72　新建"字幕02"

步骤11 使用"选择工具"选中该字母后，单击"字幕样式"面板中新建的样式缩览图，即可为字母添加相应的效果，如图6-73所示。

图 6-73　应用样式

6.5　实时文本模板

Premiere 中的文字效果，在最新版本软件中不仅能够通过"字幕"面板进行创建，还能够将同版本 After Effects 中的工程文件导入 Premiere 中，从而在保留文字效果的同时，更改文字内容，以弥补 Premiere 不能制作特效的缺陷。

当准备好带有文本效果的 After Effects 工程文件后，在 Premiere 的"项目"面板中双击，打开"导入"对话框。在该对话框中选择 After Effects 文件后，单击"打开"按钮，打开"导入 After Effects 合成"对话框，如图 6-74 所示。

当链接到该文件后，在"合成"列表中选中显示的 After Effects 合成名称选项，单击"确定"按钮，即可在"项目"面板中导入该文件，如图 6-75 所示。

图 6-74　"导入 After Effects 合成"对话框　　　图 6-75　"项目"面板

将"项目"面板中的"整体效果 / 文字闪烁效果 .aep"文件素材选中，并拖入"时间轴"面板的 V 轨道中，即可查看 After Effects 文件中的文字效果，如图 6-76 所示。

双击"项目"面板中的 After Effects 文件素材，即可在"源"监视器面板中显示视频，如图 6-77 所示。

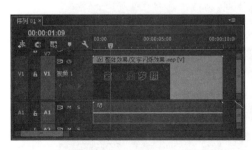

图 6-76　插入 After Effects 文件　　　图 6-77　打开 After Effects 源文件

此时在"效果控件"面板中，只有一个"After Effects 可编辑文本"选项。在文本框中单击，即可输入想使用的文本，如图 6-78 所示。

图 6-78　更改文本内容

当文本输入完成后，即可在"节目"监视器面板中发现文本被替换了。按空格键，即可查看文本的特效视频，如图 6-79 所示。

图 6-79　替换文本

指点迷津

由于是在 After Effects 工程文件的基础上更改文字，从而在 Premiere 中得到了文字的特效动画效果。在更改文字时，并不能调整文字的位置与效果，所以尽量保持文字数量的统一，使画面效果保持平衡。

6.6　实战应用——制作片尾职员表

现如今，几乎所有影视节目在片尾播出演职人员表时，都采用滚动字幕的播放方式。因此，通过在 Premiere 内制作滚动字幕，可以方便地创建演职人员表，如图 6-80 所示。

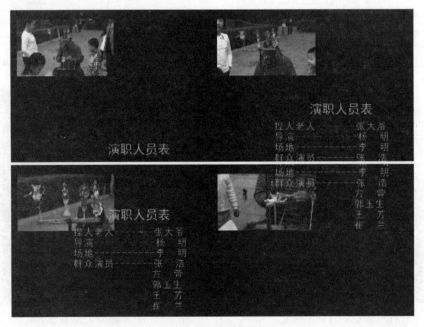

图 6-80　滚动字幕效果

步骤 01 在 Premiere 中新建空白项目后，单击"项目"面板中的"新建项"按钮，在弹出的列表中选择

"序列"选项，新建标准 48kHz 空白序列，如图 6-81 所示。

图 6-81　新建序列

步骤 02 双击"项目"面板空白处，打开"导入"对话框。将 00919.MTS 视频文件导入 Premiere 中，如图 6-82 所示。

图 6-82　导入视频文件

步骤 03 单击并拖曳"项目"面板中的视频文件至 V1 轨道中，在弹出的"剪辑不匹配警告"对话框中，单击"保持现有设置"按钮，在不改变原有画面比例的同时查看该视频，如图 6-83 所示。

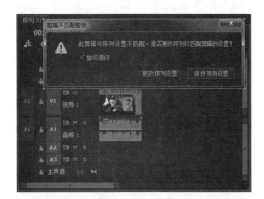

图 6-83　"剪辑不匹配警告"对话框

步骤 04 单击"时间轴"面板中的视频片段，在"效果控件"面板中，单击"缩放"选项右侧的数值，并设置为 20，如图 6-84 所示。

图 6-84　缩小视频

步骤 05 双击"节目"监视器面板中的视频将其选中，单击并拖曳视频画面至左上角位置，改变视频在画面中的显示位置，如图 6-85 所示。

图 6-85　改变显示位置

步骤 06 执行"字幕"|"新建字幕"|"默认滚动字幕"命令，在打开的"新建字幕"对话框中直接单击"确定"按钮，新建滚动字幕并打开"字幕"面板，如图 6-86 所示。

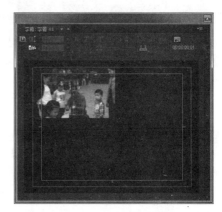

图 6-86　新建滚动字幕

步骤07 选择字幕工具箱中的"文字工具"，在其中输入文字"演职人员表"。在"字幕属性"面板中设置"字体系列"为黑体，"字体大小"为40，"填充类型"为实底，"颜色"为#F9DB64，如图6-87所示。

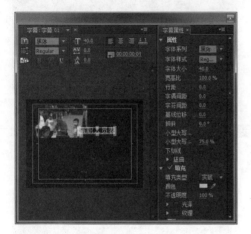

图 6-87 输入文字

步骤08 继续在其下方输入人员表内容，在"字幕属性"面板中设置相同的字体。"字体大小"为30，"填充类型"为实底，"颜色"为#64D1F9，如图6-88所示。

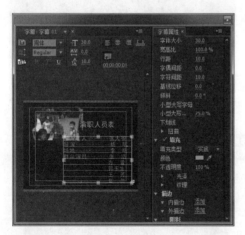

图 6-88 输入文字

步骤09 配合Shift键，同时选中所有文本，选择"字幕"|"滚动/游动选项"命令，打开"滚动/游动选项"对话框。启用该对话框中的"开始于屏幕外"和"结束于屏幕外"选项，如图6-89所示。

步骤10 关闭所有字幕面板，将"项目"面板中的字幕01插入"时间轴"面板的V2轨道中。将光标指向轨迹末端，当光标变成向右扩展图标时单击并向右拖曳，延长轨迹与V1相等，如图6-90所示。

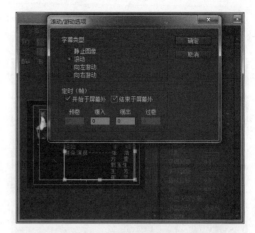

图 6-89 设置滚动字幕选项

图 6-90 调整播放时间

步骤11 单击"节目"监视器面板底部的"播放 - 停止播放"按钮，即可查看滚动字幕效果，如图6-91所示。

图 6-91 预览效果

6.7 习题测试

1．填空题

（1）根据素材类型的不同，Premiere 中的字幕素材分为静态字幕和动态字幕两大类型，其中动态字幕又分为 ＿＿＿＿＿ 字幕和滚动字幕。

（2）在 Premiere 中，描边分为 ＿＿＿＿＿ 描边和 ＿＿＿＿＿ 描边两种类型。

2．操作题

无论是在公交汽车上，还是在电视中，都会看到文字广告以飞播的形式进行播放。要想在 Premiere 中制作飞播的字幕效果，只要在创建字幕时选择"默认游动字幕"命令即可。如图 6-92 所示为飞播字幕效果展示。

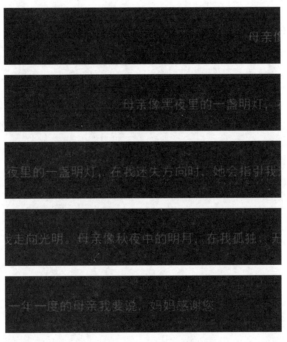

图 6-92　飞播字幕效果

6.8 本课小结

视频中的字幕效果，不仅包括静态字幕，还包含滚动字幕和游动字幕。用户可以根据需要来为视频创建相应的字幕效果。任何效果的字幕均能够为其设置不同的属性，通过各种属性的调整，可以为字幕添加相应的特效。通过本课的学习，能够掌握视频字幕的创建方法，从而为视频添加文字注释。

第 7 课 运动动画特效

运动动画特效

Premiere Pro 虽然是视频剪辑软件，但是同样能够制作具有运动特性的动画，例如透明特效动画、缩放特效动画，以及旋转特效动画等。这些特效动画不仅能够以静止图片为载体，还能够以动态视频为载体。

技术要点：

◆ 关键帧
◆ 透明动画
◆ 缩放动画
◆ 旋转动画

7.1 关键帧动画

所谓"运动特效"，是指在原有视频画面的基础上，通过后期制作与合成技术对画面进行的移动、变形和缩放等效果处理。由于拥有强大的运动效果生成功能，只需在 Premiere 中进行少量的设置，即可使静态的素材画面产生运动效果，或为视频画面添加更为精彩的视觉内容。

7.1.1 添加关键帧

Premiere 中的关键帧可以控制视频或者音频效果内的参数变化，并将效果的渐变过程附加在过渡帧中，从而形成富有个性化的节目内容。

若要为影片剪辑创建运动效果，便需要为其添加多个关键帧。在 Premiere 中，"时间轴"面板或"效果控件"面板都可以为素材添加关键帧，下面将对其分别进行介绍。

1．在"时间轴"面板内添加关键帧

通过"时间轴"面板，可以针对应用于素材的任意视频效果属性进行添加或删除关键帧的操作，此外还可以控制关键帧在"时间轴"面板中的可见性。若要使用该方法添加关键帧，需要选择"时间轴"中的素材片段后，指定需要添加关键帧的视频效果及其属性，如图 7-1 所示。

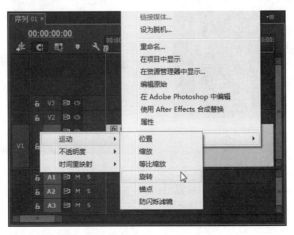

图 7-1　指定需要添加关键帧的视频效果

接下来，将"当前时间指示器"移动至适当的位置后，在"时间轴"面板内单击素材所在轨道中的"添加 - 移除关键帧"按钮，即可在当前位置创建关键帧，如图 7-2 所示。

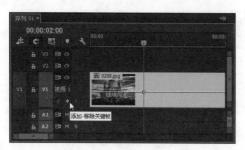

图 7-2　直接在"时间轴"面板内创建关键帧

高手支招

若要在"时间轴"面板内直接创建关键帧，则必须在"效果控件"面板内开启相应视频效果属性的"切换动画"选项。

2．在"效果控件"面板内添加关键帧

通过"效果控件"面板，不仅可以为影片剪辑添加或删除关键帧，还能够通过对关键帧各项参数的设置，实现素材的自定义运动效果。

在"时间轴"面板内选择素材后，打开"效果控件"面板，此时只需在某一视频效果栏内单击属性选项前的"切换动画"按钮，即可开启该属性的切换动画设置。与此同时，Premiere 会在"当前时间指示器"所在位置为之前所选的视频效果属性添加关键帧，如图 7-3 所示。

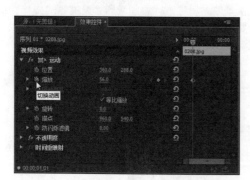

图 7-3　通过"效果控件"面板添加关键帧

此时，已开启"切换动画"选项的属性栏中，"添加 / 移除关键帧"按钮将被激活。若要添加新的关键帧，只需移动"当前时间指示器"的位置后，单击"添加 / 移除关键帧"按钮即可，如图 7-4 所示。当视频效果的某一属性栏中包含多个关键帧时，单击"添加 / 移除关键帧"按钮两侧的"跳转到前一

关键帧"或"跳转到下一关键帧"按钮，即可在多个关键帧之间快速切换。

图 7-4　添加多个关键帧

指点迷津

在已开启"切换动画"选项的状态下，单击"切换动画"按钮，则会清除相应属性栏中的所有关键帧。

7.1.2　设置关键帧

当添加关键帧后，只要在其中一个关键帧中设置相应的选项参数，就能够实现关键帧动画。而关键帧创建完成后，还能够通过移动、复制，以及删除关键帧操作继续编辑关键帧，从而更加灵活地使用关键帧。

1．移动关键帧

为素材添加关键帧后，只需在"效果控件"面板内选择关键帧，并通过鼠标将其拖至合适位置后，即可完成移动关键帧的操作，如图 7-5 所示。

图 7-5　移动关键帧

高手支招

利用 Ctrl 和 Shift 键选择多个关键帧后，还可以进行同时移动多个关键帧的操作。

2．复制与粘贴关键帧

在创建运动效果的过程中，如果多个素材中的关键帧具有相同的参数，则可以利用复制和粘贴关键帧的功能来提高操作效率。操作时，应该首先右击所要复制的关键帧，并选择"复制"命令，如图 7-6 所示。

接下来，移动"当前时间指示器"至合适位置，在"效果控件"面板内右击轨道区域，并选择"粘贴"命令，即可在当前位置创建一个与之前对象完全相同的关键帧，如图 7-7 所示。

图 7-6　复制关键帧　　　　　　　　　　图 7-7　粘贴关键帧

3．删除关键帧

选择某一个关键帧后，右击"效果控件"面板的轨道区域，并在弹出的菜单内执行"清除"命令，即可删除所选关键帧。此外，直接按 Delete 或 Backspace 键，也可以删除所选关键帧。

指点迷津

右击"效果控件"面板的轨道区域，选择弹出菜单内的"清除所有关键帧"命令后，Premiere 将会移除当前素材内的所有关键帧，而无论该关键帧是否处于被选中状态。

7.2　课堂练一练：快速添加运动效果

无论是动态视频还是静态图片，均能够为其添加运动动画效果。对于改变素材在画面中的位置效果动画，既可以通过设置位置参数实现，也可以通过手动操作实现。如图 7-8 所示为运动效果动画。

图 7-8　运动效果动画

步骤 01 在 Premiere 中新建空白项目后，双击"项目"面板，将准备好的图片素材导入其中，如图 7-9 所示。

步骤 02 单击"项目"面板底部的"新建项"按钮，选择"序列"选项，新建"宽屏 48kHz"的空白"序列 01"，如图 7-10 所示。

图 7-9　导入素材

图 7-10　新建序列

步骤 03 将"项目"面板中的 0115.jpg 图片插入 V1 轨道后，设置"效果控件"中"缩放"选项为 40，如图 7-11 所示。

步骤 04 在"节目"监视器面板中，双击监视器画面后，即可选择屏幕的图片素材。此时，所选素材上将会出现一个中心控制点，而素材周围也会出现 8 个控制柄，如图 7-12 所示。

图 7-11　缩小图片

图 7-12　选择素材

步骤 05 直接在"节目"监视器面板的监视器画面区域内拖曳所选素材，即可调整该素材在屏幕画面中的位置，如图 7-13 所示。

步骤 06 确定"当前时间指示器"的位置后，在"效果控件"面板中单击"位置"的"切换动画"按钮，创建第一个关键帧，如图 7-14 所示。

图 7-13　改变素材画面的位置

图 7-14　创建第一个关键帧

步骤 07 再次确定"当前时间指示器"的位置，在"节目"监视器面板的监视器画面区域内继续拖曳所选素材，Premiere 将在监视器画面上创建一条标示素材画面运动轨迹的路径，如图 7-15 所示。

提示

当在"节目"监视器面板的监视器画面内拖曳图片素材后，即可在"当前时间指示器"所在位置创建
第二个关键帧。

步骤 08 在"节目"监视器面板的监视器画面区域内，单击并拖曳路径端点附近的锚点后，改变运动轨迹
为曲线，如图 7-16 所示。

图 7-15　设置运动轨迹　　　　　　　　　　　　图 7-16　更改运动路径

指点迷津

默认情况下，新的运动路径全部为直线。在拖曳路径端点附近的锚点后，还可以将素材画面的运动轨
迹更改为曲线状态。

步骤 09 至此简单的运动动画制作完成，按快捷键 Ctrl+S 保存项目文件后，单击"节目"监视器面板底
部的"播放 - 停止播放"按钮，即可查看该动画效果。

7.3　课堂练一练：建立渐隐动画

　　素材之间的过渡效果，最简单也是最容易操作的就是通过降低不透明度，使素材画面呈现半透明效果。
为了使过渡效果更加自然，在插入素材时，两个素材之间必须有部分重叠。如图 7-17 所示为渐隐动画效果。

图 7-17　渐隐动画效果

步骤 01 在 Premiere 中新建空白项目后，单击"新建项"按钮，选择"序列"选项，新建"宽屏48kHz"的空白"序列 01"，如图 7-18 所示。

步骤 02 双击"项目"面板的空白区域，将准备好的两幅图片素材导入其中，如图 7-19 所示。

图 7-18　新建空白序列　　　　　　　　　　　　　　图 7-19　导入素材

步骤 03 将"项目"面板中的 0130.jpg 图片插入 V2 轨道后，设置"效果控件"中的"缩放"选项为 60，如图 7-20 所示。

图 7-20　将图片插入 V2

步骤 04 在"时间轴"面板中，将"当前时间指示器"拖至 00:00:03:00 的位置，将"项目"面板中的 0165.jpg 图片插入 V1 轨道中，如图 7-21 所示。

图 7-21　将图片插入 V1

> **提示**
>
> "时间轴"面板中的轨道具有覆盖能力，要想使前者素材覆盖后者素材，必须将前者素材放置在 VI2 轨道中，将后者素材放置在 V1 轨道中。

步骤 05 将 0165.jpg 图片同样缩放至 60% 后，选中轨道中的 0130.jpg 图片，并单击"效果控件"面板中"不透明度"的"切换动画"按钮，在 00:00:03:00 的位置创建第 1 个关键帧，如图 7-22 所示。

步骤 06 继续在"效果控件"面板中拖曳"当前时间指示器"至 00:00:04:20 的位置。单击同选项的"添加 / 移除关键帧"按钮，创建第 2 个关键帧，并设置该参数为 0%，如图 7-23 所示。

图 7-22　创建第 1 个关键帧

图 7-23　创建第 2 个关键帧

步骤 07 此时，"时间轴"面板的 V2 轨道中呈现不透明度的关键帧走向，如图 7-24 所示。

图 7-24　关键帧走向图

步骤 08 至此渐隐动画制作完成，按快捷键 Ctrl+S 保存项目文件后，单击"节目"监视器面板底部的"播放 - 停止播放"按钮，即可查看该动画效果。

7.4　课堂练一练：制作缩放动画

　　素材尺寸与建立的序列尺寸并不一定是相同的，此时可以通过设置"缩放"选项使两者统一。如果在此基础上，为不同时间位置设置不同的缩放值，那么就可以得到缩放效果的动画，如图 7-25 所示。

图 7-25　缩放动画

步骤 01 在 Premiere 中新建空白项目后，双击"项目"面板，将准备好的图片素材导入其中，如图 7-26 所示。

步骤 02 单击"项目"面板底部的"新建项"按钮，选择"序列"选项，新建"宽屏 48kHz"的空白"序列 01"，如图 7-27 所示。

图 7-26 导入素材

图 7-27 建立空白序列

步骤 03 将"项目"面板中的 0123.jpg 图片插入 V1 轨道后,双击"节目"监视器面板中的素材,移动该素材至相应的位置,如图 7-28 所示。

步骤 04 确定"当前时间指示器"在 00:00:00:00 的位置,单击"效果控件"面板中"缩放"选项的"切换动画"按钮,创建第 1 个关键帧,如图 7-29 所示。

图 7-28 插入 V1 后移动其位置

图 7-29 创建第 1 个关键帧

步骤 05 拖曳"当前时间指示器"至 00:00:02:00 的位置,直接设置"缩放"数值为 20,此时会在创建第 2 个关键帧的同时设置该选项参数,如图 7-30 所示。

步骤 06 拖曳"当前时间指示器"至 00:00:04:00 的位置,直接设置"缩放"数值为 60,此时会在创建第 3 个关键帧的同时设置该选项参数,如图 7-31 所示。

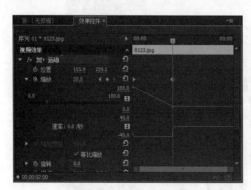

图 7-30 创建第 2 个关键帧

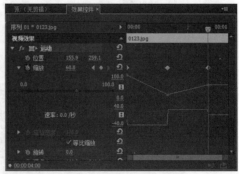

图 7-31 创建第 3 个关键帧

指点迷津

在创建关键帧时,如果没有特殊要求,其关键帧位置可以随意设定。当两个关键帧之间的时间较短时,生成的动画就会快速播放;当两个关键帧之间的时间较长时,生成的动画就会缓慢播放。

步骤 07 至此缩放动画制作完成,按快捷键 Ctrl+S 保存项目文件后,单击"节目"监视器面板底部的"播放 - 停止播放"按钮,即可查看该动画效果。

7.5 课堂练一练：制作旋转动画

在运动特效中还能够制作旋转特效的动画，旋转运动效果是指素材图像围绕指定轴线进行转动，并最终使其固定至某一状态的运动效果。如图 7-32 所示为旋转动画效果。

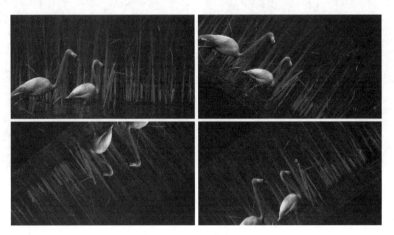

图 7-32　旋转动画

步骤 01　在 Premiere 中新建空白项目后，单击"新建项"按钮，选择"序列"选项，新建"宽屏 48kHz"的空白"序列 01"，如图 7-33 所示。

步骤 02　双击"项目"面板的空白区域，将准备好的图片素材导入其中，如图 7-34 所示。

图 7-33　建立空白序列　　　　　　　　　　图 7-34　导入素材

步骤 03　将"项目"面板中的 0115.jpg 图片插入 V1 轨道后，设置"效果控件"中"缩放"选项为 60，使图片完整显示在"节目"监视器面板中，如图 7-35 所示。

步骤 04　确定"当前时间指示器"在 00:00:00:00 的位置，单击"效果控件"面板中"旋转"选项的"切换动画"按钮，创建第 1 个关键帧，如图 7-36 所示。

图 7-35　插入图片并缩小尺寸　　　　　　图 7-36　创建第 1 个关键帧

步骤 05 拖曳"当前时间指示器"至00:00:02:00的位置，直接设置"旋转"数值为30.0°，此时会在创建第2个关键帧的同时设置该选项参数，如图7-37所示。

步骤 06 拖曳"当前时间指示器"至00:00:03:00的位置，在"效果控件"面板中单击"旋转"选项下方的角度圆盘，随机设置该参数值为135.0°，并创建第3个关键帧，如图7-38所示。

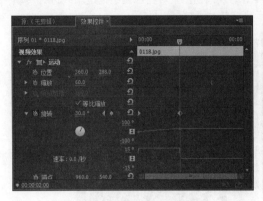
图 7-37　创建第 2 个关键帧

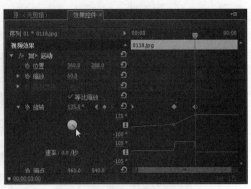
图 7-38　创建第 3 个关键帧

步骤 07 拖曳"当前时间指示器"至00:00:04:00的位置，按照上述方法，随机设置"旋转"角度为301.4°，并创建第4个关键帧，如图7-39所示。

步骤 08 拖曳"当前时间指示器"至00:00:05:00的位置，直接设置"旋转"数值为1×0.0°，此时会在创建第5个关键帧的同时设置该选项参数，如图7-40所示。

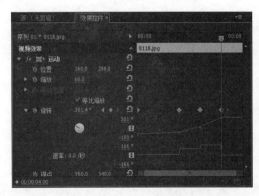
图 7-39　创建第 4 个关键帧

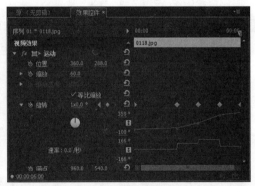
图 7-40　创建第 5 个关键帧

指点迷津

当在第5个关键帧位置设置"旋转"参数值为0.0°，生成的动画则会反方向运动；如果设置"旋转"参数值为360.0°，Premiere会自动显示为1×0.0°，这样就会生成顺时针旋转一周的运动动画。

步骤 09 至此顺时针旋转一周的动画制作完成，按快捷键Ctrl+S保存项目文件后，单击"节目"监视器面板底部的"播放-停止播放"按钮，即可查看该动画效果。

7.6　习题测试

1. 填空题

（1）在"效果控件"面板中，创建第1个关键帧必须单击该选项的_____按钮。

（2）在"效果控件"面板中，通过添加关键帧并调整_____属性的参数值，即可创建旋转动画效果。

2．操作题

在运动特效动画中，不仅能够独立创建位移、不透明度、缩放，以及旋转运动动画，还能够将这些特效相互结合，生成多种特效同时运动的动画效果。如图 7-41 所示就是将缩放和旋转相结合，制作的缩放与旋转同时发生的动画。

图 7-41　缩放与旋转动画

7.7　本课小结

Premiere Pro 中的运动特效动画是关键帧动画，该运动特效动画同样能够应用在动态视频中，这样就会形成视频中的动画效果。本课的内容虽然比较简单，但是如果能够灵活穿插使用，会为视频画面增加更绚丽的视觉效果。

第 8 课 视频过渡特效

视频过渡特效

当将多个视频进行组合时，为了使视频之间播放自然，此时视频过渡特效就显得尤为重要。视频过渡是电视节目、电影或视频编辑时，不同的镜头与镜头切换中加入的过渡效果，这种技术被广泛应用于数字电视制作中，也是应用比较普遍的技术手段。

技术要点：

- ◆ 预设动画效果
- ◆ 3D 运动过渡效果
- ◆ 拆分过渡效果
- ◆ 变形过渡效果
- ◆ 变色过渡效果

8.1 镜头的过渡概述

无论是成熟的影片还是个人拍摄的视频，镜头都是构成影片的基本要素。在影片中，镜头的切换就是过渡。镜头的切换包括两种：一种是"硬切"，即镜头通过简单的衔接来完成切换；另外一种是"软切"，即由第一个镜头淡入，向第二个镜头淡出。

8.1.1 过渡基本原理

过渡就是指前一个素材逐渐消失，后一个素材逐渐出现的过程。这就需要素材之间有交叠的部分，或者说素材的入点和出点要与起始点和结束点拉开距离，即额外帧，使用期间的额外帧作为过渡的过渡帧。

如今在制作一部电影作品时，往往要用到成百上千个镜头。这些镜头的画面和视角大都千差万别，因此直接将这些镜头连接在一起会让整部影片显得断断续续的。为此，在编辑影片时便需要在镜头之间添加视频过渡，使镜头与镜头之间的过渡更为自然、顺畅，使影片的视觉连续性更强。

例如，拍摄由远至近的人物，由于长镜头的拍摄时间过长，所以删除中间拉近过程，直接通过渐隐为白色或白光的效果将相对独立的两个镜头连接在一起，形成统一视频效果，如图 8-1 所示。

图 8-1　使用过渡连接镜头

8.1.2 添加过渡

在最新版的 Premiere Pro 中，软件共为我们提供了 30 多种视频过渡效果。这些视频过渡被分类并放置在"效果"面板的"视频过渡"文件夹中的 7 个子文件夹中，如图 8-2 所示。

欲为两段素材之间添加过渡效果，这两段素材必须在同一轨道上，且其间没有间隙。在镜头之间应用视频过渡，只需将某一个过渡效果拖曳至时间轴上的两段素材之间即可，如图 8-3 所示。

图 8-2 视频过渡分类列表

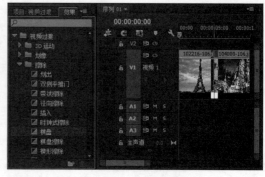

图 8-3 添加视频过渡

此时，单击"节目"监视器面板内的"播放 - 停止播放"按钮，或直接按空格键后，即可预览所应用视频过渡的效果，如图 8-4 所示。

图 8-4 预览视频的过渡效果

8.1.3 清除与替换过渡

在编排镜头的过程中，有时很难预料镜头在添加视频过渡后产生怎样的效果。此时，往往需要通过清除、替换的方法，尝试应用不同的过渡，并从中挑选出最合适的效果。

1. 清除过渡

在感觉当前所应用的视频过渡不太合适时，只需在"时间轴"面板内右击视频过渡后，选择"清除"命令，即可解除相应过渡对镜头的应用效果，如图 8-5 所示。

图 8-5　清除视频过渡

2. 替换过渡

当修改项目时，往往需要使用新的过渡替换之前施加的过渡。从"效果"面板中，将所需的视频或音频过渡拖放到序列中原有过渡上即可完成替换。

与清除过渡后再添加新的过渡相比，使用替换过渡来更新镜头所应用视频过渡的方法更为简便。操作时，只需将新的过渡效果覆盖在原有过渡上，即可将其替换，如图 8-6 所示。

图 8-6　替换过渡效果

8.1.4　设置默认过渡

为了给用户提供更为自由的发挥空间，Premiere 允许用户在一定范围内修改视频过渡的效果。也就是说，用户可以根据需要对添加后的视频过渡进行调整，下面将对其操作方法进行介绍。

在"时间轴"面板内选择视频过渡后，"效果控件"面板中便会显示该视频过渡的各项参数，如图 8-7 所示。

单击"持续时间"选项右侧的数值后，在出现的文本框内输入时间数值，即可设置视频过渡的持续时间，如图 8-8 所示。

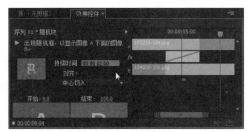

图 8-7　视频过渡参数面板　　　　　　图 8-8　修改视频过渡的持续时间

提示

在将鼠标置于选项参数的数值位置上后，光标变成形状时，左右拖曳鼠标便可以更改其数值。在"时间轴"面板中，右击轨道上的过渡选项，选择"设置过渡持续时间"选项，打开相应对话框，同样能够设置过渡持续时间。

在"效果控件"面板中，启用"显示实际来源"选项后，过渡所连接镜头画面在过渡过程中的前后效果将分别显示在 A、B 区域内，如图 8-9 所示。

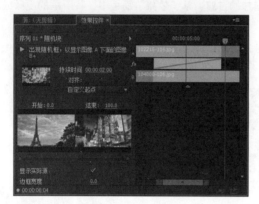

图 8-9　显示素材画面

当添加的过渡效果为上下或左右动画时，在预览区中，通过单击方向按钮，即可设置视频过渡效果的开始方向与结束方向，如图 8-10 所示。

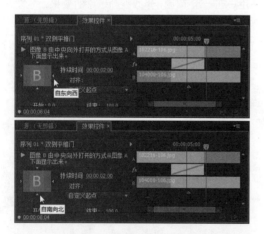

图 8-10　设置视频过渡方向

指点迷津

当添加的过渡效果为圆形动画时，在效果预览区中，就不会出现方向按钮，所以不能进行方向的改变。

单击"对齐"下拉按钮，能够在"对齐"下拉列表中选择效果位于两个素材上的位置。例如，选

择"起点切入"选项，视频过渡效果会在时间滑块进入第 2 个素材时开始播放，如图 8-11 所示。

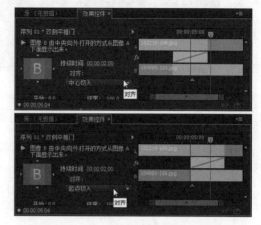

图 8-11　改变视频过渡在素材上的位置

在调整"开始"或"结束"选项内的数值，或拖曳该选项下方的时间滑块后，还可以设置视频过渡在开始和结束时的效果，如图 8-12 所示。

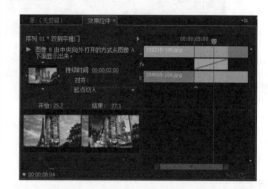

图 8-12　调整过渡的初始与结束效果

如果想要更个性化的效果，则可以启动"反转"复选框，从而使视频过渡采用相反的顺序进行播放，如图 8-13 所示。

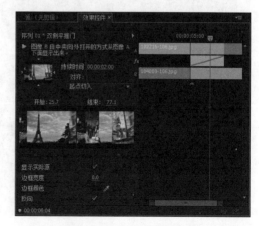

图 8-13　视频过渡反转效果

"效果控件"面板中的"自定义"选项，并不是所有视频过渡效果中的必设选项。单击"带状擦除"过渡效果中的"自定义"选项，打开"带状擦除设置"对话框。设置"带数量"参数为 5，单击"确定"按钮，即可在翻转过渡时更改翻转个数，如图 8-14 所示。

图 8-14　翻转过渡效果

8.2　预设动画效果

在 Premiere 中，针对视频素材中的各种情况准备了不同的效果，而要应用这些效果，除了需要将其添加至轨迹的素材中，还需要在"效果控件"面板中进行选项参数的设置，例如用于调整素材画面色彩的"颜色校正"效果等。

当不熟悉视频效果操作时，可以使用"预设"效果组中的各种效果，直接添加至素材中，显示预设的效果，基本解决了视频画面中所遇到的各种效果。

8.2.1　画面效果

在"预设"动画效果组中，有一些效果是专门用来修饰视频画面效果的，例如，"斜角边"与"卷积内核"效果。添加这些效果组中的预设效果，能够直接得到想要的效果。

1．斜角边

"斜角边"效果组中的效果添加至素材后，即可在视频画面中显示出相应的效果。其中该效果组中包括"厚斜角边"与"薄斜角边"效果，两个效果是同一个效果的不同参数所得到的效果，如图 8-15 所示。

图 8-15　"厚斜角边"与"薄斜角边"效果

2. 卷积内核

"卷积内核"效果组与"视频效果"|"调整"中的"卷积内核"效果基本相同,只是后者是需要设置的效果;前者则不需要设置,只要将效果添加至素材后,视频画面即可显示出与效果名称相符的效果,如图 8-16 所示。

图 8-16　"卷积内核"效果组效果

8.2.2　入画与出画预设动画

"预设"效果组中,有一部分效果是专门用来设置素材在播放的开始或结束时的画面效果的。由于这些效果带有动画效果,所以也添加了关键帧。

1. 扭曲

"扭曲"效果组能够为画面添加扭曲效果,而该效果组中包括"扭曲入点"与"扭曲出点"两个效果。这两个预设效果相同,只是播放时间不同,一个是在素材播放开始时显示;一个是在素材播放结束时显示,如图 8-17 所示。

图 8-17　"扭曲入点"效果

2. 过度曝光

"过度曝光"效果组是改变画面色调显示曝光的效果,虽然同样是曝光过度效果,但是入画与出画曝光效果除了在播放时间方面不同以外,其效果也完全相反,如图 8-18 所示为"过度曝光入点"预设效果。

图 8-18　"过度曝光入点"效果

3. 模糊

"模糊"效果组中同样包括入画与出画模糊动画,并且效果完全相反。只要将"快速模糊入点"或者"快速模糊出点"效果添加至素材上即可,如图 8-19 所示为"快速模糊入点"预设效果。

图 8-19　"快速模糊入点"效果

4. 马赛克

"马赛克"效果组中的"马赛克入点"与"马赛克出点"效果是同一个效果中的两个相反的动画效果,同时这两个效果分别放置在播放的前一秒或后一秒,如图 8-20 所示。

图 8-20 "马赛克入点"效果

5．画中画

当两个或两个以上的素材出现在同一时间段时，要想同时查看效果，必须将位于上方的素材画面缩小。"画中画"效果组中准备了一种缩放尺寸的画中画效果，并且以 25% 的比例的画面为基准，设置了画面的各种运动动画。

以 25%LL 效果组为例，在该效果组中包括 7 个不同的效果。例如静止在上右位置、由上右位置

进入并放大至 25%、由上右位置放置至全屏、由上右位置旋转进入画面等，均是以画面右下角进行动画播放，如图 8-21 所示为"画中画 25%LL 按比例放大至完全"效果。

图 8-21 画中画效果

> **提示**
>
> "画中画"效果是通过在素材本身的"运动"选项组中的"位置"、"缩放"，以及"旋转"选项中添加关键帧并设置参数来实现的。

8.3 缩放过渡特效

缩放类视频过渡通过快速切换缩小与放大的镜头画面来完成视频过渡任务，默认情况下 Premiere Pro 只提供了一种缩放类视频过渡效果——"交叉缩放"视频过渡效果。

"交叉缩放"视频过渡的效果是将镜头一画面放大后，使用同样经过放大的镜头二画面替镜头一画面，然后，再将镜头二画面恢复至正常比例，如图 8-22 所示。

图 8-22 交叉缩放过渡效果

8.4　3D 运动过渡特效

三维运动类视频过渡效果主要体现镜头之间的层次变化，从而给观众带来一种从二维空间到三维空间的立体视觉效果。在旧版本中三维运动类视频过渡包含多种过渡方式，而在新版本软件中只包含"立方体旋转"和"翻转"特效。

8.4.1　课堂练一练：添加立方体旋转过渡特效

在"立方体旋转"过渡效果中，镜头一与镜头二画面都只是某个立方体的一个面，而整个过渡所展现的便是在立方体旋转的过程中，画面从一个面切换至另一个面的效果，如图 8-23 所示。

图 8-23　立方体旋转效果

步骤 01 在 Premiere Pro 中，选择"文件"|"新建"|"项目"命令，确定新建项目的保存位置及名称后，在"项目"面板中导入静态图片素材，如图 8-24 所示。

步骤 02 在"项目"面板中新建"序列 01"后，将素材 055.jpg 图片放置在 V1 轨道中，如图 8-25 所示。

图 8-24　导入素材

图 8-25　将图片放置在轨道中

步骤 03 当图片被选中时，在"效果控件"面板中设置"缩放"选项为 54，使该图片尽量显示在"节目"监视器面板中，如图 8-26 所示。

步骤 04 将图片 115.jpg 放置在 V1 轨道中并与 055.jpg 无缝连接，按照上述方法设置"缩放"选项，使该图片尽量显示在"节目"监视器面板中，如图 8-27 所示。

图 8-26 设置缩放效果

图 8-27 放置并设置图片

步骤 05 在"效果"面板中,展开"视频过渡"特效组后,展开"3D 运动"特效组,单击"立方体旋转"特效,如图 8-28 所示。

步骤 06 继续在"效果"面板中,单击并拖曳"立方体旋转"特效至"时间轴"面板中的两个图片之间。释放鼠标后为其添加该过渡效果,如图 8-29 所示。

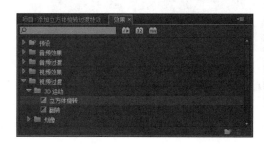

图 8-28 选中"立方体旋转"特效

图 8-29 添加"立方体旋转"特效

步骤 07 按快捷键 Ctrl+S 保存该项目后,单击"节目"监视器面板中的"播放 - 停止播放"按钮,查看图片的过渡效果,如图 8-30 所示。

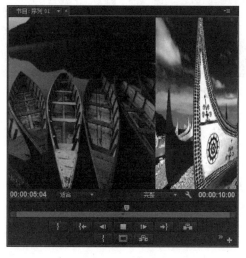

图 8-30 预览效果

8.4.2 课堂练一练：添加翻转过渡特效

"翻转"视频过渡中的镜头一和镜头二画面更像一个平面物体的两个面，而该物体在翻转结束后，朝向屏幕的画面由原本的镜头一画面改为了镜头二画面，如图 8-31 所示。

图 8-31　翻转过渡效果

步骤 01 在新建的空白项目中，将准备好的图片素材导入"项目"面板后，新建空白的"序列 01"，如图 8-32 所示。

步骤 02 同时选中"项目"面板中的两个素材后，将其放置在 V1 轨道中，两个素材之间自然形成无缝连接，如图 8-33 所示。

图 8-32　导入素材并新建序列

图 8-33　将素材放置在 V1 轨道中

提示

当素材图片放置在轨道中后，分别选中单个图片，在"效果控件"面板中设置"缩放"选项，使其尽量显示在"节目"监视器面板中。

步骤 03 在"效果"面板中，单击并拖曳"视频过渡"|"3D 运动"|"翻转"选项至两个素材之间，释放鼠标后，为其添加该过渡效果，如图 8-34 所示。

步骤 04 按快捷键 Ctrl+S 保存该项目后，单击"节目"监视器面板中的"播放 - 停止播放"按钮，查看图片的过渡效果，如图 8-35 所示。

图 8-34 添加"翻转"效果

图 8-35 预览效果

8.5 拆分过渡特效

在"视频过渡"效果组中,有一些效果组是通过拆分上一个素材画面来显示下一个素材画面的,例如"划像"、"擦除"、"滑动",以及"页面剥落"等效果组。

8.5.1 课堂练一练:添加划像过渡特效

划像类视频过渡的特征是直接进行两个镜头画面的交替切换,其方式通常是在前一个镜头画面以划像方式退出的同时,后一个镜头中的画面逐渐显现。如图 8-36 所示为各种划像过渡的效果展示。

图 8-36 划像过渡效果

步骤01 在新建的空白项目中,将光盘中的 3 个素材同时导入"项目"面板中,并新建空白的"序列01",如图 8-37 所示。

131

步骤 02 在"项目"面板中，同时选中所有素材后将其放置在 V1 轨道中，形成无缝连接，如图 8-38 所示。

图 8-37 导入素材并新建序列

图 8-38 放置素材

步骤 03 在"时间轴"面板中，依次选中 026.jpg、116.jpg 及 131.jpg 素材。在"效果控件"面板中，设置"运动"选项组中的"缩放"选项为 55，使图片尽可能地显示在"节目"监视器面板中，如图 8-39 所示。

步骤 04 在"效果"面板中，找到"视频过渡"|"划像"|"交叉划像"选项，并将其选中，如图 8-40 所示。

图 8-39 缩小尺寸

图 8-40 选中"交叉划像"选项

步骤 05 将"交叉划像"选项拖曳至"时间轴"面板中 V1 轨道的 026.jpg 与 116.jpg 素材之间，释放鼠标后添加该过渡效果，如图 8-41 所示。

步骤 06 按照上述方法，将"菱形划像"选项放置在 116.jpg 与 131.jpg 素材之间，为两个素材添加"菱形划像"效果，如图 8-42 所示。

图 8-41 添加"交叉划像"效果

图 8-42 添加"菱形划像"效果

步骤 07 按快捷键 Ctrl+S 保存该项目后，单击"节目"监视器面板中的"播放 - 停止播放"按钮，查看图片的划像过渡效果，如图 8-43 所示。

图 8-43　预览效果

8.5.2　课堂练一练：添加擦除过渡特效

擦除类视频过渡是在画面的不同位置，以多种不同形式的方式来抹除镜头一的画面，然后显现出第二个镜头中的画面。如图 8-44 所示为各种擦除过渡的效果展示。

图 8-44　擦除过渡效果

步骤 01 在新建的空白项目中，将光盘中的 3 个素材同时导入"项目"面板中，并新建空白的"序列 01"，如图 8-45 所示。

步骤 02 在"项目"面板中，同时选中所有素材后将其置在 V1 轨道中，形成无缝连接，如图 8-46 所示。

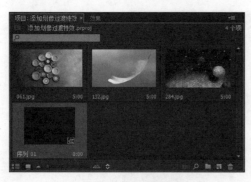

图 8-45 导入素材并新建序列　　　　　　　　　　图 8-46 放置素材

步骤 03 在"时间轴"面板中，依次选中 061.jpg、132.jpg 及 284.jpg 素材。在"效果控件"面板中，设置"运动"选项组中的"缩放"选项为 55，使图片尽可能地显示在"节目"监视器面板中，如图 8-47 所示。

步骤 04 在"效果"面板中，找到"视频过渡"|"擦除"|"带状擦除"选项，并将其选中，如图 8-48 所示。

图 8-47 缩小尺寸　　　　　　　　　　　　　　图 8-48 选中"带状擦除"选项

步骤 05 将"带状擦除"选项拖曳至"时间轴"面板 V1 轨道的 061.jpg 与 132.jpg 素材之间，释放鼠标后添加该过渡效果，如图 8-49 所示。

步骤 06 按照上述方法，将"油漆飞溅"选项放置在 132.jpg 与 284.jpg 素材之间，为两个素材添加"油漆飞溅"效果，如图 8-50 所示。

图 8-49 添加"带状擦除"效果　　　　　　　　　图 8-50 添加"油漆飞溅"效果

提示

在"擦除"效果组中包括 17 种擦除效果，在制作过程中，可以根据自己的喜好选择擦除过渡效果。

步骤07 按快捷键 Ctrl+S 保存该项目后，单击"节目"监视器面板中的"播放 - 停止播放"按钮，查看图片的擦除过渡效果，如图 8-51 所示。

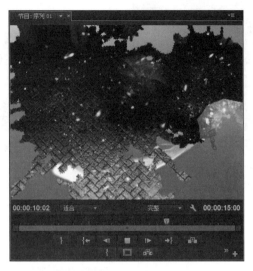

图 8-51 预览效果

8.5.3 课堂练一练：添加滑动过渡特效

滑动类视频过渡主要通过画面的平移变化来实现镜头画面之间的切换，其中包括 5 种过渡效果，如拆分、推、滑动等。如图 8-52 所示为部分滑动过渡的效果展示。

图 8-52 滑动过渡效果

步骤01 在新建的空白项目中，将光盘中的 3 个素材同时导入"项目"面板中，并新建空白的"序列01"，如图 8-53 所示。

步骤02 在"项目"面板中，同时选中所有素材后将其放置在 V1 轨道中，形成无缝连接，如图 8-54 所示。

图 8-53 导入素材并新建序列

图 8-54 放置素材

步骤 03 在"时间轴"面板中,依次选中 035.jpg、048.jpg 及 080.jpg 素材。在"效果控件"面板中,设置"运动"选项组中的"缩放"选项为 55,使图片尽可能地显示在"节目"监视器面板中,如图 8-55 所示。

步骤 04 在"效果"面板中,找到"视频过渡"|"滑动"|"中心拆分"选项,并将其选中,如图 8-56 所示。

图 8-55 缩小尺寸

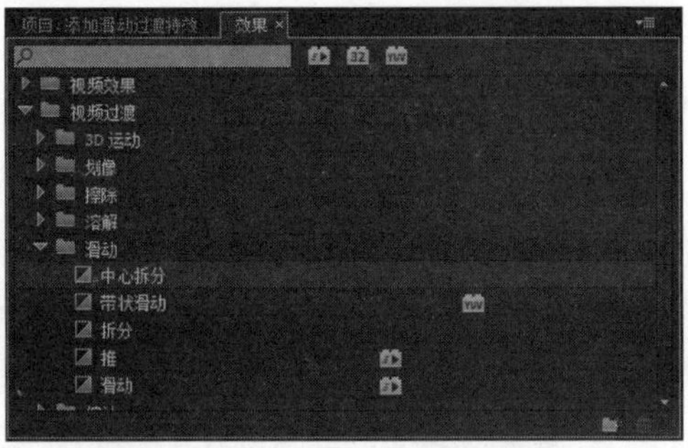

图 8-56 选中"中心拆分"选项

步骤 05 将"中心拆分"选项拖曳至"时间轴"面板 V1 轨道的 035.jpg 与 048.jpg 素材之间,释放鼠标后添加该过渡效果,如图 8-57 所示。

提示

在"滑动"效果组中包括 5 种滑动效果,在制作过程中,可以根据自己的喜好选择滑动过渡效果。

步骤 06 按照上述方法,将"滑动"选项放置在 048.jpg 与 080.jpg 素材之间,为两个素材添加"滑动"效果,如图 8-58 所示。

图 8-57 添加"中心拆分"效果

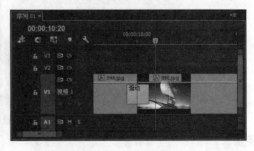

图 8-58 添加"滑动"效果

步骤 07 按快捷键 Ctrl+S 保存该项目后,单击"节目"监视器面板中的"播放 - 停止播放"按钮,查看图片的滑动过渡效果,如图 8-59 所示。

图 8-59　预览效果

8.5.4　课堂练一练：添加页面剥落过渡特效

从切换方式来看，卷页类视频过渡与部分 GPU 过渡类视频过渡相似。两者的不同之处在于，GPU 过渡的立体效果更为明显、逼真，而卷页类视频过渡则仅关注镜头切换时的视觉表现方式。如图 8-60 所示为页面剥落过渡的效果展示。

图 8-60　页面剥落过渡效果

步骤 01 在新建的空白项目中，将光盘中的 3 个素材同时导入"项目"面板中，并新建空白的"序列 01"，如图 8-61 所示。

步骤 02 在"项目"面板中，同时选中所有素材后将其放置在 V1 轨道中，形成无缝连接，如图 8-62 所示。

图 8-61　导入素材并新建序列　　　　　　　　　　图 8-62　放置素材

步骤 03 在"时间轴"面板中，依次选中 067.jpg、099.jpg 及 227.jpg 素材。在"效果控件"面板中，设置"运动"选项组中的"缩放"选项为 55，使图片尽可能地显示在"节目"监视器面板中，如图 8-63 所示。

步骤 04 在"效果"面板中，找到"视频过渡"|"页面剥落"|"翻页"选项，并将其选中，如图 8-64 所示。

图 8-63　缩小尺寸　　　　　　　　　　　　图 8-64　选中"翻页"选项

步骤 05 将"翻页"选项拖曳至"时间轴"面板 V1 轨道的 067.jpg 与 099.jpg 素材之间，释放鼠标后添加该过渡效果，如图 8-65 所示。

步骤 06 按照上述方法，将"页面剥落"选项放置在 099.jpg 与 227.jpg 素材之间，为两个素材添加"页面剥落"效果，如图 8-66 所示。

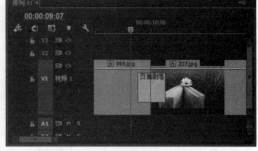

图 8-65　添加"翻页"效果　　　　　　　　　　图 8-66　添加"页面剥落"效果

步骤 07 按快捷键 Ctrl+S 保存该项目后，单击"节目"监视器面板中的"播放 - 停止播放"按钮，查看图片的页面剥落过渡效果，如图 8-67 所示。

图 8-67　预览效果

8.6　变色过渡特效

溶解类视频过渡主要以淡入淡出的变色形式来完成不同镜头间的过渡切换，使前一个镜头中的画面以柔和的方式过渡到后一个镜头的画面中。

8.6.1　课堂练一练：添加渐隐过渡特效

所谓"白场"，即屏幕呈单一的白色，而黑场则是屏幕呈单一的黑色。渐隐为白色，则是指镜头一的画面在逐渐变为白色后，屏幕内容再从白色逐渐变为镜头二的画面。相比之下，渐隐为黑色则是指镜头一的画面在逐渐变为黑色后，屏幕内容再由黑色转变为镜头二的画面。如图 8-68 所示为渐隐为白色与渐隐为黑色的过渡效果展示。

图 8-68　渐隐过渡特效

步骤 01 在新建的空白项目中，将光盘中的 3 个素材同时导入"项目"面板中，并新建空白的"序列01"，如图 8-69 所示。

步骤 02 在"项目"面板中，同时选中所有素材后将其放置在 V1 轨道中，形成无缝连接，如图 8-70 所示。

图 8-69　导入素材并新建序列

图 8-70　放置素材

步骤 03 在"时间轴"面板中，依次选中 77532-106.jpg、77595-106.jpg 及 78380-106.jpg 素材。在"效果控件"面板中，设置"运动"选项组中的"缩放"选项为 55，使图片尽可能地显示在"节目"监视器面板中，如图 8-71 所示。

步骤 04 在"效果"面板中，找到"视频过渡"|"溶解"|"渐隐为白色"选项，并将其选中，如图 8-72 所示。

图 8-71　缩小尺寸

图 8-72　选中"渐隐为白色"选项

步骤 05 将"渐隐为白色"选项拖曳至"时间轴"面板 V1 轨道的 77532-106.jpg 与 77595-106.jpg 素材之间，释放鼠标后添加该过渡效果，如图 8-73 所示。

步骤 06 按照上述方法，将"渐隐为黑色"选项放置在 77595-106.jpg 与 78380-106.jpg 素材之间，为两个素材添加"渐隐为黑色"效果，如图 8-74 所示。

图 8-73　添加"渐隐为白色"效果

图 8-74　添加"渐隐为黑色"效果

步骤07 按快捷键 Ctrl+S 保存该项目后，单击"节目"监视器面板中的"播放 - 停止播放"按钮，查看图片的溶解过渡效果，如图 8-75 所示。

图 8-75　预览效果

8.6.2　课堂练一练：添加叠加过渡特效

"叠加溶解"是在镜头一和镜头二画面淡入淡出的同时，附加一种屏幕内容逐渐过曝并消隐的效果。与"叠加溶解"不同，"非叠加溶解"过渡的效果是镜头二的画面在屏幕上直接替代镜头一的画面。在画面交替的过程中，交替的部分呈不规则形状，画面内容交替的顺序则由画面的颜色决定。如图 8-76 所示为叠加溶解与非叠加溶解的过渡效果展示。

图 8-76　叠加过渡特效

步骤01 在新建的空白项目中，将光盘中的 3 个素材同时导入"项目"面板中，并新建空白的"序列01"，如图 8-77 所示。

步骤02 在"项目"面板中,同时选中所有素材后将其放置在 V1 轨道中,形成无缝连接,如图 8-78 所示。

图 8-77 导入素材并新建序列

图 8-78 放置素材

步骤03 在"时间轴"面板中,依次选中 28750-106.jpg、78353-106.jpg 及 89596-106.jpg 素材。在"效果控件"面板中,设置"运动"选项组中的"缩放"选项为 55,使图片尽可能地显示在"节目"监视器面板中,如图 8-79 所示。

步骤04 在"效果"面板中,找到"视频过渡"|"溶解"|"叠加溶解"选项,并将其选中,如图 8-80 所示。

图 8-79 缩小尺寸

图 8-80 选中"叠加溶解"选项

步骤05 将"叠加溶解"选项拖曳至"时间轴"面板 V1 轨道的 28750-106.jpg 与 78353-106.jpg 素材之间,释放鼠标后添加该过渡效果,如图 8-81 所示。

步骤06 按照上述方法,将"非叠加溶解"选项放置在 78353-106.jpg 与 89596-106.jpg 素材之间,为两个素材添加"非叠加溶解"效果,如图 8-82 所示。

图 8-81 添加"叠加溶解"效果

图 8-82 添加"非叠加溶解"效果

步骤07 按快捷键 Ctrl+S 保存该项目后,单击"节目"监视器面板中的"播放 - 停止播放"按钮,查看图片的溶解过渡效果,如图 8-83 所示。

图 8-83　预览效果

8.7　习题测试

1. 填空题

（1）为了避免镜头与镜头之间的连接出现断断续续的现象，便需要在连接镜头时使用 _____ 。

（2）在"时间轴"面板内选择视频过渡后，直接按 _____ 键即可将其清除。

2. 操作题

视频过渡在连接镜头时，除了过渡本身的画面切换样式会影响镜头连接效果外，视频过渡的持续时间也会对连接效果产生一定的影响。如果需要调整视频过渡的持续时间，除了可以在"效果控件"面板内进行调整外，还可以在"时间轴"面板内通过直接拖曳视频过渡两侧端点的方式进行调整，如图 8-84 所示。

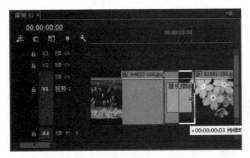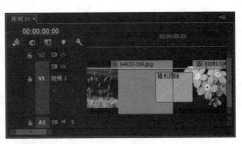

图 8-84　调整视频过渡的持续时间

8.8　本课小结

Premiere Pro 中的视频过渡特效形式繁多，但是其添加方式与设置方法基本相同。只要掌握了其中一种视频过渡特效的使用方法，就掌握了全部的视频过渡特效的操作过程。剩下的就是根据内容、喜好来决定视频过渡特效的添加与设置。本课的内容操作单一，但是能够为视频切换添加过渡效果。

第 9 课　视频画面特效

视频画面特效

无论是对素材进行字幕与过渡特效的添加，还是为其设置关键帧动画效果，这些操作并没有改变画面本身。而视频画面特效的添加与设置，则是用来改变画面本身的特效。通过本课的学习，能够为素材添加不同类型的画面效果，例如增强视觉效果的特效、弥补视频缺陷的特效，以及辅助视频合成的特效等。

技术要点：

◆ 变形视频特效
◆ 画面质量特效
◆ 光照特效
◆ 蒙版与跟踪

9.1 应用视频效果

"效果"面板的"视频效果"选项组中，有一些效果组是用来处理视频画面的。这些视频效果不仅可以进行添加与删除，还能进行参数编辑，从而得到不同的画面效果。

9.1.1 添加视频效果

Premiere 的强大视频效果功能，使用户可以在原有素材的基础上创建各种各样的艺术效果。而且，应用视频效果的方法也极其简单，用户可以为任意轨道中的视频素材添加一个或者多个效果。

1．添加视频效果

Premiere Pro 共为用户提供了 130 多种视频效果，所有效果按照类别被放置在"效果"面板中"视频效果"文件夹的 17 个子文件夹中，如图 9-1 所示。这样可以使用户查找指定视频效果时更方便。

图 9-1 视频效果

为素材添加视频效果的方法主要有两种：一种是利用"时间轴"面板添加；另一种则是利用"效果控件"面板添加。

■ 利用"时间轴"面板添加视频效果

在通过"时间轴"面板为视频素材添加视频效果时，只需在"视频效果"文件夹内选择所要添加的视频效果后，将其拖曳至视频轨道中的相应素材上即可，如图9-2所示。

图9-2 通过"时间轴"面板添加效果

提示

轨道中的素材左上角有一个效果图标，默认情况下该效果图标为黄色，当添加效果后，效果图标会变成绿色，以便于用户区分素材是否添加了视频效果。

■ 利用"效果控件"面板添加视频效果

使用"效果控件"面板为素材添加视频效果，是最为直观的一种添加方式。因为即使用户为同一段素材添加了多种视频效果，也可以在"效果控件"面板内一目了然地查看这些视频效果。

若要利用"效果控件"面板添加视频效果，只需在选择素材后，从"效果"面板中选择所要添加的视频效果，并将其拖至"效果控件"面板中即可，如图9-3所示。

图9-3 "效果控件"面板中的视频效果

若要为同一段视频素材添加多个视频效果，只需依次将要添加的视频效果拖曳到"效果控件"面板中即可，如图9-4所示。

图9-4 应用多个视频效果

高手支招

在"效果控件"面板中，用户可以通过拖曳各个视频效果来实现调整其排列顺序的目的。

2. 删除视频效果

当不再需要影片剪辑应用的视频效果时，可以利用"效果控件"面板将其删除。操作时，只需在"效果控件"面板中右击视频效果后，选择"清除"命令即可，如图9-5所示。

图9-5 清除视频效果

指点迷津

在"效果控件"面板中选择视频效果后，按Delete键或Backspace键也可以将其删除。

3. 复制视频效果

当多个影片剪辑使用相同的视频效果时，复制、粘贴视频效果可以减少操作步骤，提高影片编辑的效率。操作时，只需选择源视频效果所在影片剪辑，并在"效果控件"面板内右击视频效果后，选择"复制"命令。然后，选择新的素材，并右击"效果控件"面板的空白区域,选择"粘贴"命令即可,如图 9-6 所示。

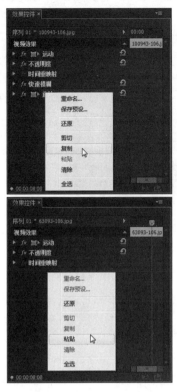

图 9-6　复制 / 粘贴视频效果

9.1.2　编辑视频效果

当影片剪辑应用视频效果后,还可以对其属性参数进行设置,从而使效果的表现效果更为突出,为用户打造精彩影片提供了更为广阔的创作空间。

选择影片剪辑后,在"效果控件"面板内单击视频效果前的"三角"按钮,即可显示该效果所具有的全部参数,如图 9-7 所示。

图 9-7　查看效果参数

Premiere 中的视频效果根据效果的不同,其属性参数及设置方法也会有所差异。

若要调整某个属性参数,只需单击参数后的数值,并在使其进入编辑状态后,输入具体数值即可,如图 9-8 所示。

图 9-8　修改参数值

高手支招

将鼠标置于属性参数值的位置上后,当光标变成手掌形状时,拖曳鼠标也可以修改参数值。

除此之外,展开参数的详细设置面板后,还可以通过拖曳其中的指针或者滑块来更改该属性的参数值,如图 9-9 所示。

图 9-9　利用滑块调整参数

在"效果控件"面板内完成属性参数的设置后,视频效果应用于影片剪辑后的效果将即时显示在"节目"监视器面板中,如图 9-10 所示。

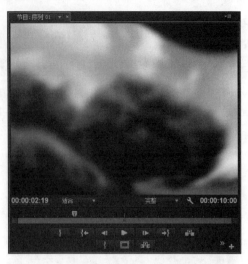

图 9-10　效果显示

在"效果控件"面板中，单击视频效果前的"切换效果开关"按钮后，还可以在影片剪辑中隐藏该视频特效的效果，如图 9-11 所示。再次单击"切换效果开关"按钮后，即可重新显示影片剪辑在应用视频特效后的效果。

图 9-11　隐藏视频效果

9.1.3　调整图层

当多个影片剪辑使用相同的视频效果时，除了复制与粘贴视频效果外，Premiere pro 还包括了调整图层。在调整图层中添加视频效果后，其效果即可显示在该调整图层下方的所有素材片段中。而该调整图层随时能够删除、显示与隐藏，而不会破坏素材文件。

要创建调整图层，单击"项目"面板底部的"新建项"按钮，选择"调整图层"选项，弹出"调整图层"对话框，如图 9-12 所示。

图 9-12　"调整图层"对话框

高手支招

在"调整图层"对话框中，还可以使用默认的参数值。这是因为该对话框中的选项参数是根据所在序列的"序列预设"中的参数设置的。

在"调整图层"对话框中，可以设置调整图层视频的"宽"与"高"、"时基"与"像素纵横比"选项，单击"确定"按钮，即可在"项目"面板中创建"调整图层"项目，如图 9-13 所示。

图 9-13　创建调整图层

当"时间轴"面板中添加了素材片段后，将创建的调整图层插入素材片段的上方，使其播放长度与素材相等，如图 9-14 所示。

此时选中"时间轴"面板中的调整图层，按照视频效果的添加方法为调整图层添加视频效果，即可发现该调整图层下方的所有素材均显示出被添加的视频效果，如图 9-15 所示。

图 9-14　插入调整图层

图 9-15　添加视频效果

调整图层中视频效果的应用与编辑方法，与视频片段中的视频效果操作方法相同。当调整图层中添加了多个视频效果后，又希望其中的视频效果不显示在下方的素材中，此时除了可以删除视频效果外，还可以通过隐藏调整图层，使其中的视频效果暂时不显示在下方的素材中。只需单击 V2 轨道中的"切换轨道输出"图标即可，如图 9-16 所示。

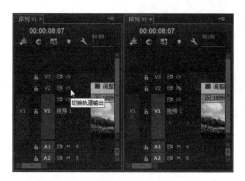

图 9-16　隐藏调整图层中的视频效果

要想彻底删除调整图层中的视频效果，可以直接将"时间轴"面板中的调整图层删除。只要选中调整图层，按 Delete 键即可。而"项目"面板中的调整图层仍然保留原有的属性。

9.1.4　蒙版与跟踪

当添加一些视频效果，并在"效果控件"面板中展开视频效果选项后会发现，基本上每一个效果选项中均会出蒙版形状工具，例如"快速模糊"视频效果的选项中就包括"蒙版形状工具"，如图 9-17 所示。

图 9-17　"快速模糊"选项中的"蒙版形状工具"

在以前版本中，当设置"效果控件"面板中的选项后，改变的是整个视频画面的效果，如图 9-18 所示。

图 9-18　应用"快速模糊"效果

在 Premiere Pro CC 2014 中，效果选项中添加了"创建椭圆形蒙版"和"创建 4 点多边形蒙版"两种蒙版形状工具。单击其中一个蒙版形状工具后，"节目"监视器面板中即可显示该工具的默认形状。此时发现形状内部为更改后的效果，形状外部为原画面的效果，这里单击的是"创建椭圆形蒙版"工具，如图 9-19 所示。

单击"创建椭圆形蒙版"工具后，除了"节目"监视器面板内会发生变化外，"效果控件"面板中的"快速模糊"选项中也增加了"蒙版（1）"选项组，如图 9-20 所示。

图 9-19　添加椭圆蒙版

图 9-20　"蒙版（1）"选项组

　　在"节目"监视器面板中，通过移动、拖曳或旋转等操作改变蒙版形状，使其覆盖视频画面中的某个区域，如图 9-21 所示。

图 9-21　修改蒙版形状

　　单击"效果控件"面板中"蒙版（1）"选项组下方的"向前跟踪所选蒙版"按钮，Premiere 自动跟随视频中的画面计算蒙版的位置，如图 9-22 所示。

图 9-22　自动跟踪

指点迷津

在自动跟踪过程中，如果遇到蒙版形状与所覆盖的区域不吻合时，可以单击"自动跟踪"对话框中的"停止"按钮，改变"节目"监视器面板中蒙版的形状或位置，再次单击"向前跟踪所选蒙版"按钮完成自动跟踪。

完成"快速模糊"效果的蒙版跟踪设置后，单击"节目"监视器面板中的"播放 - 停止播放"按钮，查看蒙版跟踪动画的效果，如图 9-23 所示。

图 9-23 蒙版跟踪效果

9.2 变形视频特效

在视频拍摄时，视频画面是正常的，或者是倾斜的。此时可以通过"效果"面板中"视频效果"效果组的"变换"效果组将视频画面进行校正，或者采用"扭曲"效果组中的效果对视频画面进行变形，从而丰富视频画面的效果。

9.2.1 课堂练一练：添加变换特效

"变换"类视频效果可以使视频素材的形状产生二维或者三维的变化。在该类视频效果中，包含"垂直定格"、"垂直翻转"、"羽化边缘"和"裁剪"4 种视频效果。如图 9-24 所示为视频添加变换特效后的效果展示。

图 9-24 裁剪效果

步骤 01 在新建的空白项目中，单击"项目"面板底部的"新建项"按钮，选择"序列"选项。直接在"新建序列"对话框中单击"确定"按钮，即可创建空白序列，如图 9-25 所示。

图 9-25　新建空白序列

步骤 02 在"项目"面板的空白区域双击，从光盘中导入已经准备好的视频文件 3DDV-A13.AVI，如图 9-26 所示。

图 9-26　导入视频素材

步骤 03 将"项目"面板中的视频素材选中后，将其拖至"时间轴"面板的 V1 轨道中，如图 9-27 所示。

图 9-27　插入视频

步骤 04 在"效果"面板中，找到"视频效果"|"变换"|"裁剪"选项，并将其选中，如图 9-28 所示。

图 9-28　选中"裁剪"选项

步骤 05 将"裁剪"选项拖至"时间轴"面板 V1 轨道的视频片段上，释放鼠标后添加该视频效果，如图 9-29 所示。

图 9-29　添加"裁剪"效果

步骤 06 此时"效果控件"面板中显示"裁剪"效果选项，展开"左对齐"选项并向右拖曳滑块至 12.5%，如图 9-30 所示。

图 9-30　设置"左对齐"选项

步骤 07 在"效果控件"面板中，继续展开"顶部"选项，并向右拖曳滑块至 8.9%，如图 9-31 所示。

图 9-31　设置"顶部"选项

步骤 08 继续在"效果控件"面板中，展开"右侧"选项，并向右拖曳滑块至 12.5%，如图 9-32 所示。

步骤09 展开"底对齐"选项，并向右拖曳滑块至3.6%，发现"节目"监视器面板中的画面发生了变化，如图9-33所示。

图9-32 设置"右侧"选项

图9-33 设置"底对齐"选项

提示

在设置"裁剪"效果中的选项时，该参数并不是固定的，而是根据"节目"监视器面板中的视频画面效果来决定的。

步骤10 在裁剪效果的选项中，直接手动设置"羽化边缘"参数为130，发现"节目"监视器面板中的画面边缘被羽化了，如图9-34所示。

指点迷津

"羽化边缘"选项中的参数范围为-100~100，而"羽化边缘"选项的实际参数范围为-30000~30000。

步骤11 按快捷键Ctrl+S保存该项目后，单击"节目"监视器面板中的"播放-停止播放"按钮，查看添加"裁剪"效果的视频效果，如图9-35所示。

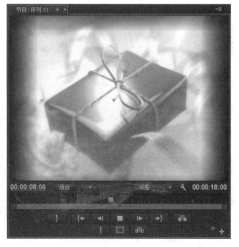

图9-34 设置"羽化边缘"选项

图9-35 播放效果

9.2.2 课堂练一练：添加扭曲特效

"扭曲"类视频效果能够使素材画面产生多种不同的变形效果。在该类型的视频效果中，共包括13种不同的变形样式，例如位移、旋转、弯曲、球面化、放大等。如图9-36所示为视频添加镜像扭曲特效的效果展示。

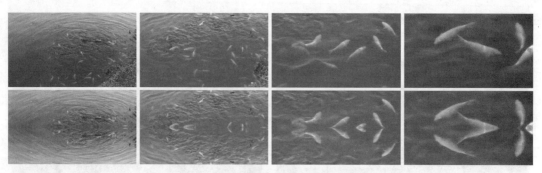

图 9-36 视频添加镜像特效的前后对比效果

步骤 01 在新建的空白项目中，单击"项目"面板底部的"新建项"按钮，选择"序列"选项。直接在"新建序列"对话框中单击"确定"按钮，即可创建空白序列，如图 9-37 所示。

步骤 02 在"项目"面板的空白区域双击，从光盘中导入已经准备好的视频文件 00908.MTS，如图 9-38 所示。

图 9-37 新建空白序列

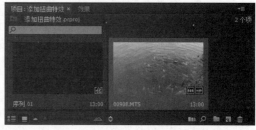

图 9-38 导入视频素材

步骤 03 将"项目"面板中的视频素材选中后，将其拖至"时间轴"面板的 V1 轨道中，直接在打开的"剪辑不匹配警告"对话框中，单击"更改序列设置"按钮并插入视频，如图 9-39 所示。

高手指点

序列创建时会提供多种画面比例参数，当选择的画面比例与导入的视频画面比例不相符时，就会弹出"剪辑不匹配警告"对话框。当单击"保持现有设置"按钮后，在序列画面比例不变的情况下插入视频素材；当单击"更改序列设置"按钮后，序列画面比例会根据插入的视频素材画面比例进行调整。

步骤 04 打开"效果"面板，展开"视频效果"|"扭曲"|"镜像"选项，并选中"镜像"选项，如图 9-40 所示。

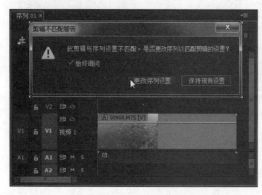

图 9-39 插入视频

图 9-40 选中"镜像"选项

步骤 05 单击并拖曳"镜像"选项，至"时间轴"面板 V1 轨道中的视频素材上，释放鼠标后为该视频添加"镜像"效果，如图 9-41 所示。

步骤 06 选中"时间轴"面板中的视频素材，"效果控件"面板中显示添加后的"镜像"效果选项，而"节目"监视器面板中的视频画面没有发生任何变化，如图 9-42 所示。

图 9-41　添加"镜像"效果

图 9-42　显示"镜像"选项

步骤 07 设置"反射角度"为 90°，"节目"监视器面板中的视频画面变成对称的水中涟漪效果，如图 9-43 所示。

步骤 08 按快捷键 Ctrl+S 保存该项目后，单击"节目"监视器面板中的"播放 - 停止播放"按钮，查看添加"镜像"效果的视频效果，如图 9-44 所示。

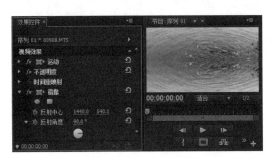

图 9-43　设置"反射角度"选项

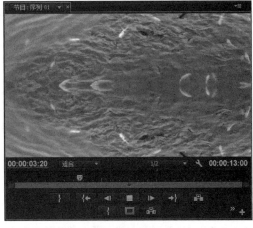

图 9-44　播放视频

9.3　画面质量特效

使用 DV 拍摄的视频，其画面效果并不是非常理想的，视频画面中的模糊、清晰，以及是否出现杂点等质量问题，可以通过"杂色与颗粒"或者"模糊与锐化"等效果组中的效果来调整。

9.3.1　课堂练一练：添加颗粒特效

"杂色与颗粒"类视频效果的作用是在影片素材画面内添加细小的杂点，根据视频效果原理的不同，又可以分为 6 种不同的效果。如图 9-45 所示为添加杂色效果后的视频画面效果展示。

图 9-45 添加杂色特效的视频画面

步骤 01 在新建的空白项目中，单击"项目"面板底部的"新建项"按钮，选择"序列"选项。直接在"新建序列"对话框中单击"确定"按钮，即可创建空白序列，如图 9-46 所示。

步骤 02 在"项目"面板的空白区域双击，从光盘中导入已经准备好的视频文件 00081.MTS，如图 9-47 所示。

图 9-46 新建空白序列

图 9-47 导入视频素材

步骤 03 将"项目"面板中的视频素材选中后，将其拖至"时间轴"面板的 V1 轨道中，直接在打开的"剪辑不匹配警告"对话框中，单击"保持现有设置"按钮并插入视频，如图 9-48 所示。

步骤 04 选中"时间轴"面板中的视频片段，在"效果控件"面板中，设置"缩放"为 55，使视频画面尽可能地显示在"节目"监视器面板中，如图 9-49 所示。

图 9-48 插入视频

图 9-49 缩小尺寸

步骤 05 打开"效果"面板,展开"视频效果"|"杂色与颗粒"|"杂色"选项,并选中"杂色"选项,如图 9-50 所示。

步骤 06 单击并拖曳"杂色"选项至"时间轴"面板 V1 轨道中的视频素材上,释放鼠标后为该视频添加"杂色"效果,如图 9-51 所示。

图 9-50 选中"杂色"选项

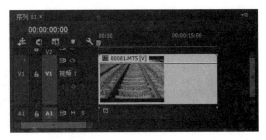

图 9-51 添加"杂色"效果

步骤 07 展开"效果控件"面板中的"杂色"选项组后,设置"杂色数量"为 45.0%,发现"节目"监视器面板中的视频画面添加了颗粒效果,如图 9-52 所示。

步骤 08 按快捷键 Ctrl+S 保存该项目后,单击"节目"监视器面板中的"播放 - 停止播放"按钮,查看添加"杂色"效果的视频效果,如图 9-53 所示。

图 9-52 设置参数

图 9-53 播放视频

9.3.2 课堂练一练:添加模糊特效

"模糊与锐化"类视频效果的作用与其名称完全相符,这些视频效果有些能够使素材画面变得更加朦胧,而有些则能够让画面变得更清晰。如图 9-54 所示为视频画面添加模糊过渡效果的展示。

图 9-54 模糊过渡效果

步骤01 在新建的空白项目中，单击"项目"面板底部的"新建项"按钮，选择"序列"选项。直接在"新建序列"对话框中单击"确定"按钮，即可创建空白序列，如图9-55所示。

步骤02 在"项目"面板的空白区域双击，从光盘中导入已经准备好的视频文件00095.MTS，如图9-56所示。

图9-55　新建空白序列

图9-56　导入视频

步骤03 将"项目"面板中的视频素材选中后，将其拖至"时间轴"面板的V1轨道中，直接在打开的"剪辑不匹配警告"对话框中，单击"保持现有设置"按钮插入视频，如图9-57所示。

步骤04 选中"时间轴"面板中的视频片段，在"效果控件"面板中设置"缩放"为55，使视频画面尽可能地显示在"节目"监视器面板中，如图9-58所示。

图9-57　插入视频

图9-58　缩小尺寸

步骤05 打开"效果"面板，展开"视频效果"|"模糊与锐化"|"快速模糊"选项，并选中"快速模糊"选项，如图9-59所示。

步骤06 单击并拖曳"快速模糊"选项至"时间轴"面板V1轨道中的视频素材上，释放鼠标后为该视频添加"快速模糊"效果，如图9-60所示。

图9-59　选中"快速模糊"选项

图9-60　添加"快速模糊"效果

步骤07 展开"效果控件"面板中的"快速模糊"选项组后，设置"模糊度"为45.0，发现"节目"监视器面板中的视频画面添加了模糊效果，如图9-61所示。

步骤08 确定当前指示针在00:00:00:00处，在"效果控件"面板中单击"模糊度"选项的"切换动画"按钮，创建第一个关键帧，如图9-62所示。

图 9-61　设置参数

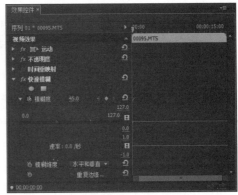

图 9-62　第一个关键帧

步骤 09 在"时间轴"面板中，拖曳当前指示针至 00:00:03:00，单击"效果控件"面板中"模糊度"选项的"添加 / 移除关键帧"按钮，创建第二个关键帧，如图 9-63 所示。

步骤 10 选中第二个关键帧，设置"模糊度"参数为 0.0，得到从模糊到清晰的过渡效果，如图 9-64 所示。

图 9-63　创建第二个关键帧

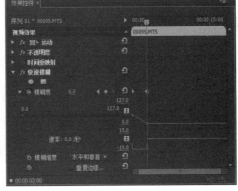

图 9-64　设置"模糊度"选项

步骤 11 按快捷键 Ctrl+S 保存该项目后，单击"节目"监视器面板中的"播放 - 停止播放"按钮，查看添加模糊过渡效果的视频，如图 9-65 所示。

图 9-65　播放视频

9.4 光照特效

在"视频效果"效果组中，生成类特效与风格化特效不仅能够修饰视频画面的效果，还可以通过光照类效果改变画面色彩效果，甚至能够通过某些效果得到日光的效果。

9.4.1 课堂练一练：添加生成特效

"生成"类视频效果包括书写、棋盘、渐变和油漆桶等 12 种视频效果，其作用都是在素材画面中形成炫目的光效或图案。如图 9-66 所示为添加网格特效后的视频画面展示。

图 9-66 视频网格特效

步骤 01 在新建的空白项目中，单击"项目"面板底部的"新建项"按钮，选择"序列"选项。直接在"新建序列"对话框中单击"确定"按钮，即可创建空白序列，如图 9-67 所示。

步骤 02 在"项目"面板的空白区域双击，从光盘中导入已经准备好的视频文件 00097.MTS，如图 9-68 所示。

图 9-67 新建空白序列

图 9-68 导入视频

步骤 03 将"项目"面板中的视频素材选中后，将其拖至"时间轴"面板的 V1 轨道中，直接在打开的"剪辑不匹配警告"对话框中，单击"保持现有设置"按钮插入视频，如图 9-69 所示。

步骤 04 选中"时间轴"面板中的视频片段，在"效果控件"面板中，设置"缩放"为 55，使视频画面尽可能地显示在"节目"监视器面板中，如图 9-70 所示。

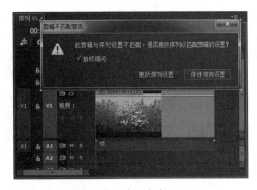

图 9-69 插入视频

图 9-70 缩小尺寸

步骤 05 打开"效果"面板，展开"视频效果"|"生成"|"网格"选项，并选中"网格"选项，如图 9-71 所示。

步骤 06 单击并拖曳"网格"选项至"时间轴"面板 V1 轨道中的视频素材上，释放鼠标后为该视频添加"网格"效果，如图 9-72 所示。

图 9-71 选中"网格"选项

图 9-72 添加"网格"效果

步骤 07 展开"效果控件"面板中的"网格"选项组后，发现"节目"监视器面板中的视频画面添加了网格效果，如图 9-73 所示。

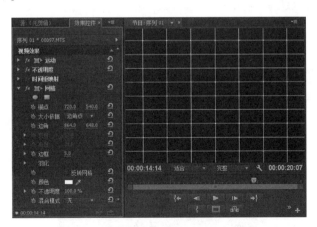

图 9-73 网格画面效果

步骤 08 在"效果控件"面板中，设置"颜色"为#FEEF01。此时"节目"监视器面板中的网格线颜色发生变化，如图 9-74 所示。

步骤 09 继续在"效果控件"面板中设置"混合模式"为"叠加"。此时"节目"监视器面板中的网格与视频画面相融合，如图 9-75 所示。

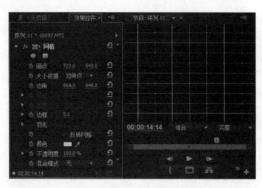　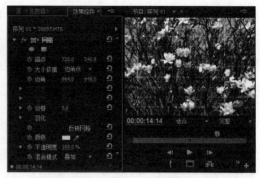

图 9-74　设置"颜色"　　　　　　　　　　图 9-75　设置"混合模式"

步骤 10 在"网格"选项组中，启用"反转网格"选项。此时"节目"监视器面板中的网格线与网格反转，如图 9-76 所示。

步骤 11 在"网格"选项组中，设置"不透明度"为 50.0%，通过降低不透明度使网格与视频画面融合得更好，如图 9-77 所示。

图 9-76　启用"反转网格"选项　　　　　　图 9-77　降低不透明度

提示

网格特效中除了已经设置过的选项外，还包括锚点、大小依据、边角、羽化等各种选项。通过设置这些选项，还能得到各种不同的网格效果。

步骤 12 按快捷键 Ctrl+S 保存该项目后，单击"节目"监视器面板中的"播放 - 停止播放"按钮，查看添加网格效果的视频，如图 9-78 所示。

图 9-78　播放视频

9.4.2 课堂练一练：添加风格化特效

"风格化"类型的视频效果共提供了 13 种不同样式的视频效果，其共同点都是通过移动和置换图像像素，以及提高图像对比度的方式来产生各种各样的特殊效果。如图 9-79 所示为添加查找边缘特效的视频效果展示。

图 9-79　添加查找边缘特效前后的视频效果

步骤 01 在新建的空白项目中，单击"项目"面板底部的"新建项"按钮，选择"序列"选项。直接在"新建序列"对话框中单击"确定"按钮，即可创建空白序列，如图 9-80 所示。

步骤 02 在"项目"面板的空白区域双击，从光盘中导入已经准备好的视频文件 00086.MTS，如图 9-81 所示。

图 9-80　新建空白序列

图 9-81　导入视频素材

步骤 03 将"项目"面板中的视频素材选中后，将其拖至"时间轴"面板的 V1 轨道中，直接在打开的"剪辑不匹配警告"对话框中，单击"更改序列设置"按钮插入视频，如图 9-82 所示。

步骤 04 打开"效果"面板，展开"视频效果"|"风格化"|"查找边缘"选项，并选中"查找边缘"选项，如图 9-83 所示。

图 9-82　插入视频

图 9-83　选中"查找边缘"选项

步骤 05 单击并拖曳"查找边缘"选项，至"时间轴"面板 V1 轨道中的视频素材上，释放鼠标后为该视频添加"查找边缘"效果，如图 9-84 所示。

步骤 06 当添加"查找边缘"效果后，不仅"效果控件"面板中添加了"查找边缘"选项组，"节目"监视器面板中的视频画面也发生了变化，如图 9-85 所示。

图 9-84　添加"查找边缘"效果　　　　　　　　图 9-85　添加特效后的画面效果

步骤 07 单击"节目"监视器面板中的"播放 - 停止播放"按钮，发现添加"查找边缘"效果后的视频已经完全看不出原始的视频画面效果，如图 9-86 所示。

图 9-86　查看视频的"查找边缘"效果

步骤 08 在"效果控件"面板中，展开"与原始图像混合"选项，由左向右拖曳滑块。观察"节目"监视器面板中的视频画面，直至得到类似彩色铅笔画的效果，如图 9-87 所示。

步骤 09 按快捷键 Ctrl+S 保存该项目后，单击"节目"监视器面板中的"播放 - 停止播放"按钮，查看添加"查找边缘"效果的视频效果，如图 9-88 所示。

图 9-87　设置"与原始图像混合"　　　　　　　图 9-88　播放视频

9.5 其他视频特效

在"视频效果"效果组中还包括一些其他效果组，例如视频过渡效果组、时间效果组，以及视频效果组。而这些效果及前面介绍过的视频效果，既可以在整个视频中显示，也可以在视频的某个时间段显示。

9.5.1 过渡特效

"过渡"类视频效果主要用于两个影片剪辑之间的切换，其作用类似于 Premiere 中的视频过渡。在"过渡"类视频效果中，共包括块溶解、线性擦除等 5 种过渡效果。

1. 块溶解

"块溶解"视频效果能够在屏幕画面内随机产生块状区域，从而在不同视频轨中的视频素材重叠部分实现画面切换，如图 9-89 所示。

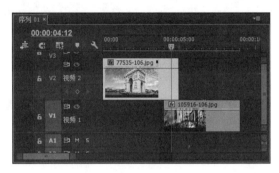

图 9-89　使用"块溶解"视频效果实现画面切换

在"块溶解"视频效果的控制面板中，"过渡完成"参数用于设置不同素材画面的切换状态，取值为 100% 时将完全显示底层轨道中的画面。"块宽度"和"块高度"选项，则用于控制块形状的尺寸，如图 9-90 所示。

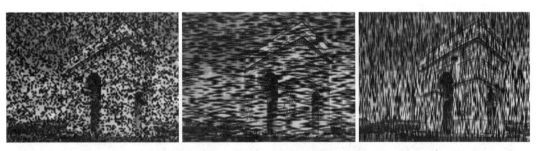

图 9-90　"块溶解"视频效果的各种效果

提示

在"效果控件"面板中，启用"柔化边缘（最佳品质）"复选框后，能使块形状的边缘更加柔和。

当在两个素材的重叠显示时间段创建"过渡完成"选项的关键帧，并且设置该参数由 0% 至 100%，那么就会得到视频过渡动画，如图 9-91 所示。

图 9-91　视频过渡动画

2．径向擦除

　　"径向擦除"视频效果能够通过一个指定的中心点，从而以旋转划出的方式切换出第二段素材的画面，如图 9-92 所示。

　　在"径向擦除"视频效果的控制选项中，"过渡完成"用于设置素材画面切换的具体程度，"起始角度"用于控制径向擦除的起点。"擦除中心"和"擦除"选项，则分别用于控制"径向擦除"中心点的位置和擦除方式，如图 9-93 所示。

图 9-92　"径向擦除"视频效果实现画面切换

图 9-93　起始角度与两者兼有效果

3．渐变擦除

　　"渐变擦除"视频效果能够根据两个素材的颜色和亮度建立一个新的渐变层，从而在第一个素材逐渐消失的同时，逐渐显示第二个素材，如图 9-94 所示。

图 9-94 "渐变擦除"视频效果实现画面切换

在"效果控件"面板中，还可以对渐变的柔和度，以及渐变图层的位置与效果进行调整，如图 9-95 所示。

图 9-95 各种渐变擦除效果

4. 百叶窗

"百叶窗"视频效果能够模拟百叶窗张开或闭合时的效果，从而通过分割素材画面的方式，实现切换素材画面的目的，如图 9-96 所示。

图 9-96 "百叶窗"视频效果实现画面切换

在"效果控件"面板中，除了通过更改"过渡完成"、"方向"和"宽度"等选项的参数以外，还可以对"百叶窗"的打开程度、角度和大小等属性进行调整，如图 9-97 所示。

图 9-97 各种百叶窗效果

5. 线性擦除

应用"线性擦除"视频效果后，用户可以在两个素材画面之间以任意角度擦拭的方式完成画面切换，如图 9-98 所示。在"效果控件"面板中，可以通过调整"擦除角度"参数来设置过渡效果的方向。

图 9-98 "线性擦拭"视频效果实现画面切换

9.5.2 时间与视频特效

在"视频效果"效果组中，能够设置视频画面的重影效果，以及视频播放的快慢效果，还可以通过效果为视频画面添加时间码，从而在视频播放过程中查看播放时间。

1. 抽帧时间

"抽帧时间"效果是"视频效果"¦"时间"效果组中的一个效果，也是比较常用的效果处理手段，一般用于娱乐节目和现场破案等影片中，可以制作出具有空间停顿感的运动画面效果。只要将该效果添加至视频素材中，即可得到停顿效果，如图 9-99 所示。

2. 残影

"残影"效果同样是"视频效果"|"时间"效果组中的一个效果,该效果的添加能够为视频画面添加重影效果。只要将该效果添加至素材中,即可查看重影效果,如图 9-100 所示。

图 9-99　抽帧效果　　　　　　　　　　　　图 9-100　残影效果

9.6　实战应用:处理人物新闻视频

由于人物新闻涉及到人物肖像权问题,在进行人物采访后期处理时,均会为画面中无关的人物面部添加马赛克效果后再进行播放。在新版本的 Premiere 中,即可使用新增的蒙版跟踪功能来制作具有局部马赛克效果的人物新闻视频,如图 9-101 所示。

图 9-101　局部马赛克效果

步骤 01 在 Premiere 中新建"处理人物新闻视频"项目,并创建"序列 01"。将准备好的视频 WP_20141220.mp4 导入"项目"面板中,如图 9-102 所示。

步骤 02 将"项目"面板中的视频素材选中后,将其拖至"时间轴"面板的 V1 轨道中,直接在打开的"剪辑不匹配警告"对话框中,单击"保持现有设置"按钮插入视频,如图 9-103 所示。

图 9-102　导入视频文件

图 9-103　插入"时间轴"面板

步骤 03 选中"时间轴"面板中的视频剪辑，在"效果控件"面板中设置"缩放"为 55.0，使视频画面显示在"节目"监视器面板中，如图 9-104 所示。

步骤 04 选择"文件"|"新建"|"颜色遮罩"命令，在打开的"新建颜色遮罩"对话框中直接单击"确定"按钮，并在"拾色器"对话框中设置颜色为 #2085E3，如图 9-105 所示。

图 9-104　缩小尺寸

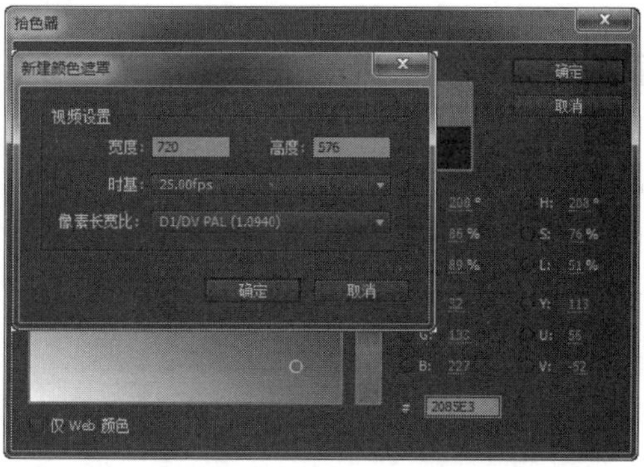

图 9-105　确定遮罩颜色

步骤 05 单击"确定"按钮后，在打开的"选择名称"对话框中再次单击"确定"按钮，即可在"项目"面板中创建颜色遮罩，如图 9-106 所示。

步骤 06 将"项目"面板中的"颜色遮罩"插入"时间轴"面板中的 V2 轨道后，将鼠标指向颜色遮罩右侧，单击并向右拖曳，使其播放时间与视频相等，如图 9-107 所示。

图 9-106　新建颜色遮罩

图 9-107　插入颜色遮罩

步骤 07 在"节目"监视器面板中双击"颜色遮罩"对象，垂直向下移动该对象，使其位置定位在 358.5,760，如图 9-108 所示。

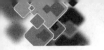

步骤 08 新建"字幕01"后，在打开的"字幕"面板中的蓝色背景内部输入文本，并设置其"字体系列"、"字体大小"，以及"字偶间距"，如图 9-109 所示。

图 9-108　颜色遮罩定位

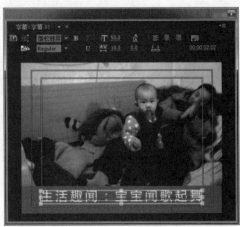

图 9-109　新建字幕

步骤 09 在"字幕样式"面板中，右击 Hobo Medium Gold 58 样式，选择"仅应用样式颜色"选项，为输入的文本添加样式，如图 9-110 所示。

步骤 10 在"字幕属性"面板中，禁用"阴影"选项，将文本中的阴影效果删除，如图 9-111 所示。

图 9-110　添加样式

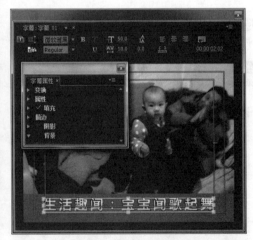

图 9-111　删除阴影效果

步骤 11 将"字幕"及相关的面板关闭后，将"项目"面板中的"字幕01"插入"时间轴"面板的 V3 轨道中，并使其播放时间与视频相等，如图 9-112 所示。

步骤 12 在"效果"面板中，展开"视频效果"选项组，选中"风格化"|"马赛克"选项，如图 9-113 所示。

图 9-112 将字幕插入轨道中

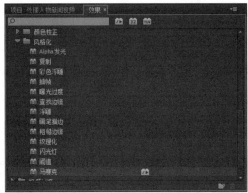

图 9-113 选中"马赛克"选项

步骤 13 单击并拖曳"马赛克"效果至"时间轴"面板中 V1 轨道的视频上,释放鼠标后为该视频添加"马赛克"效果,如图 9-114 所示。

步骤 14 在"效果控件"面板中展开"马赛克"选项组,其选项默认参数均为 10,而"节目"监视器面板的视频画面为马赛克效果,如图 9-115 所示。

图 9-114 添加"马赛克"效果

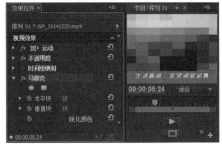

图 9-115 查看马赛克效果

步骤 15 在"马赛克"选项组中,分别设置"水平块"和"垂直块"均为 30,缩小马赛克尺寸,如图 9-116 所示。

步骤 16 单击"马赛克"选项组下方的"创建椭圆形蒙版"按钮,在"节目"监视器面板中建立椭圆蒙版。此时椭圆蒙版内部显示马赛克效果,其外部显示原始视频画面,如图 9-117 所示。

图 9-116 缩小马赛克尺寸

图 9-117 创建椭圆形蒙版

步骤 17 在"节目"监视器面板中,将鼠标指向椭圆蒙版后鼠标变成手掌形状。单击并拖曳椭圆蒙版,即可移动该蒙版,如图 9-118 所示。

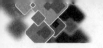

步骤18 将鼠标指向椭圆蒙版边缘的锚点时，鼠标指针变成三角形状。单击并向椭圆内部移动，即可改变椭圆形的形状和尺寸，使其覆盖视频画面中大人的头部，如图 9-119 所示。

图 9-118　移动椭圆蒙版　　　　　　　　　图 9-119　改变椭圆形状

高手支招

在添加蒙版之前，首先确定"时间指示器"的位置。当"时间指示器"放置在 00:00 位置时，只需向前自动跟踪；当"时间指示器"放置在中间任意位置时，既需要向前自动跟踪，也需要向后自动跟踪。

步骤19 单击"效果控件"面板中"蒙版（1）"选项组下方的"向前跟踪所选蒙版"按钮，Premiere 自动跟随视频中的画面计算蒙版的位置，如图 9-120 所示。

提示

在自动跟踪过程中，只要遇到蒙版形状与人物脸部不吻合时，均需单击"自动跟踪"对话框中的"停止"按钮，调整"节目"监视器面板中蒙版的形状或位置，使其吻合。

步骤20 完成自动跟踪后，在"节目"监视器面板中可预览动画效果，如图 9-121 所示。确认无误后保存文件，完成带有局部马赛克的人物新闻制作。

图 9-120　自动跟踪　　　　　　　　　　　图 9-121　播放视频

9.7 习题测试

1. 填空题

（1）Premiere Pro 共为用户提供了 130 多种视频效果，所有效果按照类别被放置在"效果"面板的
_____ 文件夹内。

（2）在 Premiere Pro CC 2014 中，大部分视频效果选项中添加了 _____ 功能。

2. 操作题

要想将视频画面制作成多个相同画面同时显示的效果，只要将"视频效果"|"风格化"效果组中的"复制"效果添加至素材中，然后设置该效果中的"计数"参数，即可得到多个画面显示的效果，如图 9-122 所示。

图 9-122　多个画面效果

9.8 本课小结

Premiere Pro 中的视频特效种类繁多，虽然视频特效的添加方法相同，但是每个特效的具体选项参数各不相同。在添加某个视频特效后，需要根据视频画面效果设置与之相关的选项参数。本课的内容较为复杂，但是能够为视频画面添加各种不同的视频效果。

第 10 课　视频色彩特效

视频色彩特效

在 Premiere 中视频素材通过一系列的特效添加后，只是为视频画面添加过渡或变形效果。而视频画面中的色彩效果则需要通过色彩校正类特效，或者图像调整类特效来设置。

技术要点：

◆ 色彩理论知识
◆ 色彩校正类效果
◆ 图像控制类效果
◆ 调整类效果
◆ Lumetri Looks 效果

10.1 颜色模式

现阶段，大多数影视作品的最终播放平台以电视、电影等传统视频平台为主，但制作这些节目的编辑平台却大都以计算机为基础。这就使得以计算机为运行平台的非线性编辑软件在处理和调整图像时往往不会基于电视工程学技术，而是采用了计算机创建颜色方法的基本原理。因此，在学习使用 Premiere 调整视频素材色彩之前，需要首先了解并学习一些关于色彩及计算机颜色理论的重要概念。

10.1.1 色彩与视觉原理

对人们来说，色彩是由于光线刺激眼睛而产生的一种视觉效应。也就是说，光色并存，人们的色彩感觉离不开光，只有在含有光线的场景内人们才能够"看"到色彩。

1. 光与色

从物理学的角度来看，可见光是电磁波的一部分，其波长大致为 400～700nm，因此该范围又被称为"可视光线区域"。人们在将自然光引入三棱镜后会发现，光线被分离为红、橙、黄、绿、青、蓝、紫 7 种不同的色彩，因此得出自然光是由 7 种不同颜色光线组合而成的结论。这种现象被称为"光的分解"，而上述 7 种不同颜色的光线排列则被称为"光谱"，其颜色分布方式是按照光的波光进行排列的，如图 10-1 所示。可以看出，红色的波长最长，而紫色的波长最短。

400nm　　　　500nm　　　　600nm　　　　700nm

图 10-1　可见光的光谱

在自然界中,光以波动的形式进行直线传输,其具有波长和振幅两个因素。以人们的视觉效果来说,不同的波长会产生颜色的差别,而不同的振幅强弱与大小则会在同一颜色内产生明暗差别。

2. 物体色

自然界的物体五花八门、变化万千,它们本身虽然大都不会发光,但都具有选择性地吸收、反射、透射光线的特性。当这些物体将某些波长的光线吸收后,人们所看到的便是剩余光线的混合色彩,即物体的表面色。当然,由任何物体对光线不可能全部吸收或反射,因此并不存在绝对的黑色或白色。

物体对色光的吸收、反射或透射能力,会受到物体表面肌理状态的影响。因此,物体对光的吸收与反射能力虽是固定不变的,但物体的表面色却会随着光源色的不同而改变,有时甚至失去其原有的色相感觉。也就是说,所谓的物体"固有色",实际上不过是常见光线下人们对此物体的习惯认识而已。例如在闪烁、强烈的各色霓虹灯光下,所有的建筑几乎都会失去原有本色,从而显得奇异莫测,如图 10-2 所示。

图 10-2　黑夜中潮湿路面的霓虹灯倒影

10.1.2　色彩三要素

在色度学中,颜色通常被定义为一种通过眼睛传导的感官印象,即视觉效应。同触觉、嗅觉和痛觉相同,视觉的起因是刺激,而该刺激便来源于光线的辐射。

在日常生活中,人们在观察物体色彩的同时,也会注意到物体的形状、面积、材质、肌理,以及该物体的功能及其所处的环境。通常来说,这些因素也会影响人们对色彩的感觉。为了寻找其规律性,人们对感性的色彩认知进行了分析,并最终得出色相、亮度和饱和度这 3 种构成色彩的基本要素。

> **提示**
>
> 色度学是一门研究彩色计量的科学,其任务在于研究人眼彩色视觉的定性、定量规律,以及应用。

1. 色相

"色相"指色彩的相貌,是区别色彩种类的名称,根据不同光线的波长进行划分。也就是说,只要色彩的波长相同,其表现出的色相便相同。在之前我们所提到的七色光中,每种颜色都表示着一种具体的色相,而它们之间的差别便属于色相差别,如图 10-3 所示即为十二色相环与二十四色相环示意图。

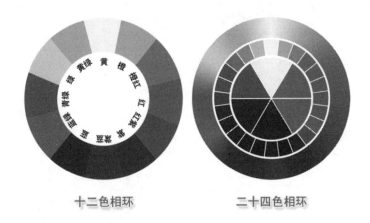

十二色相环　　　二十四色相环

图 10-3　色相环

简单来说，当人们在生活中称呼某一种颜色的名称时，脑海内所浮现出的色彩便是色相的概念。也正是由于色彩具有这种具体的特征，人们才能够感受到五彩缤纷的世界。

高手支招

色相也称为"色泽"，饱和度也称为"纯度"或者"彩度"，亮度也称为"明度"。国内的部分行业对色彩的相关术语也有一些约定成俗的叫法，因此名称往往也会有所差别。

人们在长时间的色彩探索中发现，不同色彩会让人们产生相对的冷暖感觉，即色性。一般来说，色性的起因是基于人类长期生活中所产生的心理感受。例如，绿色能够给人清新、自然的感觉。如果是在雨后，则由于环境的衬托，上述感觉会更为突出和明显，如图 10-4 所示。

图 10-4　清新、自然的绿色

然而在日常生活中，人们所处的环境并不会只包含一种颜色，而是由各种各样的色彩所组成的。因此，自然环境对人们心理的影响往往不是由一种色彩所决定的，而是多种色彩相互影响后的结果。例如，单纯的红色会给人一种热情、充满活力的感觉，但却过于激烈；在将黄色与红色搭配后，却能够消除红色所带来的亢奋感，并带来活泼、愉悦的感觉，如图 10-5 所示。

图 10-5 红色、黄色搭配的效果

2. 饱和度

饱和度是指色彩的纯净程度，即纯度。在所有的可见光中，有波长较为单一的，也有波长较为混杂的，还有处在两者之间的。其中，黑、白、灰等无彩色的光线即为波长最为混杂的色彩，这是由于饱和度、色相感的逐渐消失而造成的。

从色彩纯度的方面来看，红、橙、黄、绿、青、蓝、紫这几种颜色是纯度最高的颜色，因此又被称为"纯色"。

从色彩的成分来看，饱和度取决于该色彩中的含色成分与消色成分（黑、白、灰）之间的比例。简单来说，含色成分越多，饱和度越高；消色成分越多，饱和度越低。例如，当我们在绿色中混入白色时，虽然仍旧具有绿色相的特征，但其鲜艳程度会逐渐降低，成为淡绿色；当混入黑色时，则会逐渐成为暗绿色；当混入亮度相同的中性灰时，色彩会逐渐成为灰绿色，如图 10-6 所示。

图 10-6 不同的饱和度

3. 亮度

亮度是所有色彩都具有的属性，指色彩的明暗程度。在色彩搭配中，亮度关系是颜色搭配的基础。一般来说，通过不同亮度的对比，能够突出表现物体的立体感与空间感。

就色彩在不同亮度下所显现的效果来看，色彩的亮度越高，颜色就越淡，并最终表现为白色；与这相对应的是，色彩的亮度越低，颜色就越重，并最终表现为黑色，如图 10-7 所示。

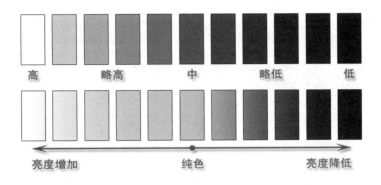

图 10-7　不同亮度的色彩

10.1.3　RGB 颜色理论

RGB 色彩模式是工业界的一种颜色标准，其原理是通过对红（Red）、绿（Green）、蓝（Blue）这三种颜色通道的变化，以及它们相互之间的叠加来得到各式各样的颜色。RGB 标准几乎包括了人类视力所能感知的所有颜色，是目前运用最为广泛的颜色系统之一。

当需要编辑颜色时，Premiere 可以让用户从 256 种不同亮度的红色，以及相同数量及亮度的绿色和蓝色中进行选择。这样一来，3 种不同亮度的红色、绿色和蓝色在相互叠加后，便会产生超过 1670 多万（256×256×256）种的颜色供用户选择，如图 10-8 所示即为 Premiere 按照 RGB 颜色标准为用户所提供的"拾色器"对话框。

图 10-8　Premiere 拾色器

在 Premiere 拾色器中，用户只需依次指定 R（红色）、G（绿色）和 B（蓝色）的亮度，即可得到一个由三者叠加后所产生的颜色。在选择颜色时，用户可以根据需要按照如表 10-1 所示的混合公式进行选择。

表 10-1　两原色相同所产生的颜色

混合公式	色板
RGB 两原色等量混合公式：	
R（红）＋G（绿）生成 Y（黄）（R＝G） G（绿）＋B（蓝）生成 C（青）（G＝B） B（蓝）＋R（红）生成 M（洋红）（B＝R）	

混合公式	色板
RGB 两原色非等量混合公式：	
R（红）＋G（绿↓减弱）生成 Y→R（黄偏红） 红与绿合成黄色，当绿色减弱时黄偏红	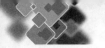
R（红↓减弱）＋G（绿）生成 Y→G（黄偏绿） 红与绿合成黄色，当红色减弱时黄偏绿	
G（绿）＋B（蓝↓减弱）生成 C→G（青偏绿） 绿与蓝合成青色，当蓝色减弱时青偏绿	
G（绿↓减弱）＋B（蓝）生成 CB（青偏蓝） 绿和蓝合成青色，当绿色减弱时青偏蓝	
B（蓝）＋R（红↓减弱）生成 MB（品红偏蓝） 蓝和红合成品红，当红色减弱时品红偏蓝	
B（蓝↓减弱）＋R（红）生成 MR（品红偏红） 蓝和红合成品红，当蓝色减弱时品红偏红	

10.2 图像控制类效果

图像控制类型视频效果的主要功能是更改或替换素材画面内的某些颜色，从而达到突出画面内容的目的。而在该效果组中，不仅包含调节画面亮度的效果、调节灰度画面的效果，还包括改变固定颜色及整体颜色的颜色调整效果。

10.2.1 课堂练一练：灰度、亮度效果

灰度系数校正效果的作用是通过调整画面的灰度级别，从而达到改善图像显示效果、优化图像质量的目的。与其他视频效果相比，灰度系数校正的调整参数较少，调整方法也较为简单。如图 10-9 所示。

图 10-9　灰度系数校正效果对比

步骤 01 在新建的空白项目中，单击"项目"面板底部的"新建项"按钮，选择"序列"选项。直接在"新建序列"对话框中单击"确定"按钮，即可创建空白序列，如图 10-10 所示。

步骤 02 在"项目"面板的空白区域双击，从光盘中导入已经准备好的图像文件 FJ-012.jpg，如图 10-11 所示。

图 10-10　新建空白序列　　　　　　　　　　图 10-11　导入素材

步骤 03 将"项目"面板中的图像素材选中后，将其拖至"时间轴"面板的 V1 轨道中，如图 10-12 所示。

步骤 04 选中"时间轴"面板中的素材后，在"效果控件"面板中设置"缩放"为 85.0，使图像尽可能地显示在"节目"监视器面板中，如图 10-13 所示。

图 10-12　插入素材　　　　　　　　　　　　图 10-13　缩小尺寸

步骤 05 在"效果"面板中，找到"视频效果"|"图像控制"|"灰度系数校正"选项，并将其选中，如图 10-14 所示。

步骤 06 将"灰度系数校正"选项拖至"时间轴"面板 V1 轨道的图像上，释放鼠标后添加该效果，如图 10-15 所示。

图 10-14　选中"灰度系数校正"选项　　　　图 10-15　添加"灰度系数校正"效果

步骤 07 此时"效果控件"面板中显示"灰度系数校正"效果选项，而"节目"监视器面板中的画面并没有明显的变化，如图 10-16 所示。

181

高手支招

当降低"灰度系数"选项的取值时，将提高图像内灰度像素的亮度；当提高"灰度系数"选项的取值时，则将降低灰度像素的亮度。

步骤 08 在"效果控件"面板中，展开"灰度系数"选项，并向右拖曳滑块至28，如图10-17所示。

图 10-16 显示"灰度系数校正"效果选项　　　　图 10-17 设置"灰度系数"参数

步骤 09 按快捷键Ctrl+S保存该项目后，在"节目"监视器面板中查看画面效果。发现当"灰度系数"选项的取值升高时，则有一种环境内湿度加大的效果，从而使色彩更加鲜艳。

10.2.2 课堂练一练：饱和度效果

日常生活中的视频在通常情况下为彩色的，要想制作灰度的视频效果，可以通过Premiere中"图像控制"效果组的"颜色过滤"与"黑白"效果完成。前者能够将视频画面逐渐转换为灰度，并且保留某种颜色；后者则是将画面直接变成灰度。如图10-18所示为添加"颜色过滤"特效的画面效果展示。

图 10-18 "颜色过滤"特效的画面效果

步骤 01 在"项目"面板的空白区域双击，从光盘中导入已经准备好的图像文件FJ-016.jpg，如图10-19所示。

步骤 02 在"项目"中，单击"项目"面板底部的"新建项"按钮，选择"序列"选项。直接在"新建序列"对话框中单击"确定"按钮，即可创建空白序列，如图10-20所示。

图 10-19 导入素材　　　　　　　　图 10-20 新建空白序列

步骤 03 将"项目"面板中的图像素材选中后,将其拖至"时间轴"面板的 V1 轨道中,如图 10-21 所示。

步骤 04 选中"时间轴"面板中的素材后,在"效果控件"面板中设置"缩放"为 85.0,使图像尽可能地显示在"节目"监视器面板中,如图 10-22 所示。

图 10-21 插入图像

图 10-22 缩小尺寸

步骤 05 在"效果"面板中,找到"视频效果"|"图像控制"|"颜色过滤"选项,并将其选中,如图 10-23 所示。

步骤 06 将"颜色过滤"选项拖至"时间轴"面板 V1 轨道的图像上,释放鼠标后添加该效果,如图 10-24 所示。

图 10-23 选中"颜色过滤"选项

图 10-24 添加"颜色过滤"效果

步骤 07 此时"效果控件"面板中显示"颜色过滤"效果选项,而"节目"监视器面板中的画面变成了灰度图,如图 10-25 所示。

步骤 08 在"颜色过滤"选项组中,展开"相似性"选项,向右拖曳滑块至 86,发现画面中的建筑与路面恢复了原有的色彩,而天空保持灰度效果,如图 10-26 所示。

图 10-25 展开"颜色过滤"选项

图 10-26 设置"相似性"参数

步骤 09 当启用"颜色过滤"选项组中的"反转"选项时,"节目"监视器面板中的天空变成了彩色,而建筑与路面变成了灰度图,如图 10-27 所示。

图 10-27　启用"反转"选项

步骤 10 按快捷键 Ctrl+S 保存该项目后，在"节目"监视器面板中查看画面效果。

10.2.3　课堂练一练：颜色平衡效果

颜色平衡视频效果能够通过调整素材内的 R、G、B 颜色通道，达到更改色相、调整画面色彩和校正颜色的目的。通过添加"颜色平衡"特效，将普通的日光风景调整为晚霞效果，如图 10-28 所示。

图 10-28　画面前后对比效果

步骤 01 在"项目"面板的空白区域双击，从光盘中导入已经准备好的图像文件 FJ-009.jpg，如图 10-29 所示。

图 10-29　导入素材

步骤 02 右击"项目"面板中的素材文件，在打开的快捷菜单中选择"从剪辑新建序列"选项，如图 10-30 所示。

图 10-30　新建序列

步骤 03 选择"从剪辑新建序列"选项后，"时间轴"面板中自动新建序列并插入图像素材，如图 10-31 所示。

图 10-31　在新建序列中插入素材

步骤 04 当素材自动插入序列后，查看"节目"监视器面板，发现画面尺寸是按照素材尺寸建立的，如图 10-32 所示。

步骤 05 在"效果"面板中，找到"视频效果"|"图像控制"|"颜色平衡"选项，并将其选中，如图 10-33 所示。

图 10-32　查看画面效果

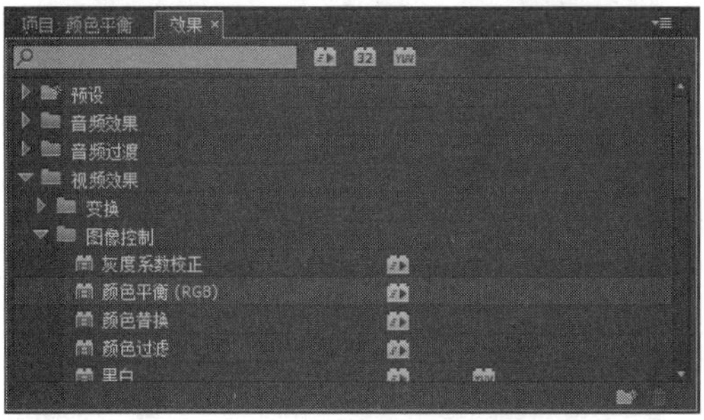

图 10-33　选中"颜色平衡"选项

步骤 06 将"颜色平衡"选项拖至"时间轴"面板 V1 轨道的图像上，释放鼠标后添加该效果，如图 10-34 所示。

图 10-34　添加"颜色平衡"效果

步骤 07 此时"效果控件"面板中显示"颜色平衡"效果选项，而"节目"监视器面板中的画面并没有明显的变化，如图 10-35 所示。

图 10-35　"颜色平衡"效果选项

步骤 08 在"颜色平衡"选项组中，依次设置"红色"、"绿色"和"蓝色"参数均为 120，此时"节目"监视器面板中的画面变亮，如图 10-36 所示。

图 10-36　设置相同参数值

指点迷津

当 3 个选项的参数相同时，表示红、绿、蓝 3 种成分色彩的比重无变化，则素材画面色调在应用效果前后无差别，但画面整体亮度却会随数值的增大或减小而提高或降低。

步骤 09 单击"颜色平衡"选项组右侧的"重置效果"按钮后，所有选项参数返回默认值。单独增加"绿色"参数值，素材画面内的洋红成分越来越少，如图 10-37 所示。

图 10-37　增加"绿色"参数值

提示

当画面内的某一个色彩成分多于其他色彩成分时，画面的整体色调便会偏向于该色彩；当降低某一个色彩成分时，画面的整体色调便会偏向于其他两种色彩的组合。

步骤 10 按照"颜色平衡"效果的原理，设置该选项组中的选项，从而得到晚霞效果，如图 10-38 所示。

图 10-38　设置选项

步骤 11 按快捷键 Ctrl+S 保存该项目后，在"节目"监视器面板中查看画面效果。

10.2.4　课堂练一练：颜色替换效果

颜色替换效果能够将画面中的某个颜色替换为其他颜色，而画面中的其他颜色不发生变化。如图 10-39 所示，通过"颜色替换"特效将翠绿的草原变成了毫无生机的枯萎效果。

图 10-39　前后对比图

步骤 01 在"项目"面板的空白区域双击，从光盘中导入已经准备好的图像文件 FJ-004.jpg，如图 10-40 所示。

图 10-40　导入素材

步骤 02 右击"项目"面板中的素材文件，在打开的快捷菜单中，选择"从剪辑新建序列"选项，如图 10-41 所示。

图 10-41　新建序列

步骤 03 选择"从剪辑新建序列"选项后，"时间轴"面板中自动新建序列并插入图像素材，如图 10-42 所示。

图 10-42　在新建序列中插入素材

步骤 04 当素材自动插入序列后查看"节目"监视器面板，发现画面尺寸是按照素材尺寸建立的，如图 10-43 所示。

步骤 05 在"效果"面板中，找到"视频效果"|"图像控制"|"颜色替换"选项，并将其选中，如图 10-44 所示。

图 10-43　查看画面效果

图 10-44　选中"颜色替换"选项

步骤 06 将"颜色替换"选项拖至"时间轴"面板 V1 轨道的图像上，释放鼠标后添加该效果，如图 10-45 所示。

步骤 07 此时"效果控件"面板中显示"颜色替换"效果选项，而"节目"监视器面板中的画面并没有明显变化，如图 10-46 所示。

图 10-45　添加"颜色替换"效果

图 10-46　"颜色平衡"效果选项

步骤 08 单击"目标颜色"色块右侧的"吸管工具"按钮选择"吸管工具"。在"节目"监视器面板中，单击绿色的草原区域，确定"目标颜色"，如图 10-47 所示。

步骤 09 单击"替换颜色"右侧的色块，打开"拾色器"对话框，在该对话框中选择"黄色"，如图 10-48 所示。

图 10-47　确定"目标颜色"

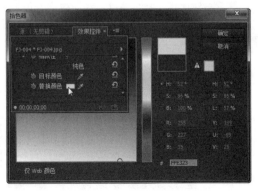

图 10-48　确定"替换颜色"

中文版 Premiere 影视编辑课堂实录

高手支招

设置"目标颜色"与"替换颜色"选项的颜色，既可以通过单击色块来选择颜色，也可以使用"吸管工具"在"节目"监视器面板中单击。

步骤 10 当确定了"目标颜色"和"替换颜色"选项的颜色后，即可在"节目"监视器面板中发现被选中的草地颜色发生了变化，如图 10-49 所示。

步骤 11 展开"相似性"选项，单击并向右拖曳滑块使参数值为 47，发现"节目"监视器面板中改变颜色的范围被扩大，如图 10-50 所示。

图 10-49　替换选中的颜色　　　　　图 10-50　设置"相似性"参数值

指点迷津

由于"相似性"选项参数较低的缘故，单独设置"替换颜色"选项还无法满足过滤画面色彩的需求。此时，只需适当提高"相似性"选项的参数值，即可逐渐改变保留色彩区域的范围。

步骤 12 按快捷键 Ctrl+S 保存该项目后，在"节目"监视器面板中查看画面效果。

10.3　色彩校正类效果

通过拍摄得到的视频，其画面会根据拍摄当天的周围情况、光照等自然因素，出现亮度不够、低饱和度或者偏色等问题。色彩校正类效果在色彩调整方面的控制选项较为丰富，因此对画面色彩的校正效果更为专业，可控性也较强。

10.3.1　课堂练一练：亮度调整效果

"亮度与对比度"及"亮度曲线"效果专门针对视频画面的明暗关系，其中，前者能够大致进行亮度与对比度的调整；后者则能够针对 256 个色阶进行亮度或对比度调整。如图 10-51 所示为通过"亮度曲线"效果调整素材的前后对比效果。

图 10-51　亮度调整对比图

步骤 01 在"项目"面板的空白区域双击,从光盘中导入已经准备好的图像文件 FJ-015.jpg,如图 10-52 所示。

图 10-52　导入素材

步骤 02 右击"项目"面板中的素材文件,在打开的快捷菜单中,选择"从剪辑新建序列"选项,如图 10-53 所示。

图 10-53　新建序列

步骤 03 选择"从剪辑新建序列"选项后,"时间轴"面板中自动新建序列并插入图像素材,如图 10-54 所示。

图 10-54　自动插入素材

步骤 04 当素材自动插入序列后,查看"节目"监视器面板,发现画面尺寸是按照素材尺寸建立的,如图 10-55 所示。

图 10-55　查看画面效果

步骤 05 在"效果"面板中,找到"视频效果"|"颜色校正"|"亮度与对比度"选项,并将其选中,如图 10-56 所示。

图 10-56　选中"亮度与对比度"选项

步骤 06 将"亮度与对比度"选项拖至"时间轴"面板 V1 轨道的图像上,释放鼠标后添加该效果,如图 10-57 所示。

图 10-57　添加"亮度与对比度"效果

步骤 07 此时"效果控件"面板中显示"亮度与对比度"效果选项,而"节目"监视器面板中的画面并没有明显的变化,如图 10-58 所示。

图 10-58 "亮度与对比度"效果选项

步骤 08 在"亮度与对比度"选项组中，单击并向右拖曳"亮度"选项下方的滑块至 28.0，发现"节目"监视器面板中的画面被提亮了，如图 10-59 所示。

图 10-59 设置"亮度"选项

步骤 09 继续单击并向右拖曳"对比度"选项下方的滑块至 27.0，发现"节目"监视器面板中的画面提高了对比度，但是高光与暗部区域的细节也消失了，如图 10-60 所示。

图 10-60 设置"对比度"选项

提示

所有色彩调整的特效，都需要针对素材画面单独设置选项参数值。即使是同一个素材，也会根据不同用户的色感，设置不同的选项参数值。

步骤 10 在"效果控件"面板中，单击"亮度与对比度"效果中的"切换效果开关"按钮，将该效果隐藏，并将"亮度曲线"效果添加至素材上，如图 10-61 所示。

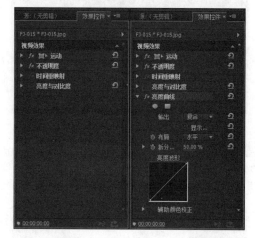

图 10-61 添加"亮度曲线"效果

高手支招

当添加的特效无法达到预期效果时，可以将该特效暂时隐藏，添加其他特效重新设置。当新添加的特效符合预期效果后，可以删除隐藏的特效。

步骤 11 在"亮度波形"选项中，单击并向左上角拖曳斜线使其形成曲线，此时"节目"监视器面板中的画面亮度被提高了，如图 10-62 所示。

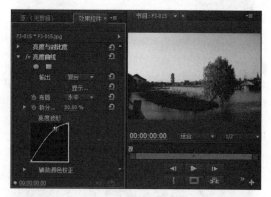

图 10-62 提高亮度

步骤 12 继续在曲线下方单击并向右下角拖曳，在添加锚点的同时使曲线变成了 S 形，增加了画面的对比度，如图 10-63 所示。

步骤 13 在两个锚点之间的曲线上，单击并向下拖曳建立第三个锚点，提高暗部区域的亮度，如图 10-64 所示。

图 10-63　增加对比度

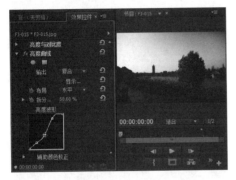

图 10-64　调节曲线

步骤14 确定画面是预期效果后，选中"效果控件"面板中的"亮度与对比度"选项，按 Delete 键删除，如图 10-65 所示。

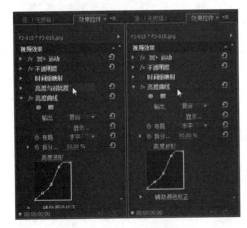

图 10-65　删除效果选项

步骤15 按快捷键 Ctrl+S 保存该项目后，在"节目"监视器面板中查看画面效果。

10.3.2　课堂练一练：校正色彩效果

在 Premiere Pro 中，颜色校正类效果共包括 18 个效果，其中，快速色彩校正、亮度校正、RGB 色彩校正，以及三向色彩校正效果是专门针对校正画

面偏色的效果。如图 10-66 所示为通过多个校正效果相结合，将偏色的素材调整为正常的色彩效果。

图 10-66　校正偏色效果

步骤01 在"项目"面板的空白区域双击，从光盘中导入已经准备好的图像文件 FJ-018.jpg，如图 10-67 所示。

图 10-67　导入素材

步骤02 右击"项目"面板中的素材文件，在打开的快捷菜单中，选择"从剪辑新建序列"选项，如图 10-68 所示。

图 10-68　新建序列

步骤03 选择"从剪辑新建序列"选项后，"时间轴"面板中自动新建序列并插入图像素材，如图10-69所示。

图 10-69　自动插入素材

步骤04 当素材自动插入序列后，查看"节目"监视器面板，发现画面尺寸是按照素材尺寸建立的，如图10-70所示。

图 10-70　查看画面效果

步骤05 在"效果"面板中，找到"视频效果"|"颜色校正"|"三向颜色校正器"选项，并将其选中，如图10-71所示。

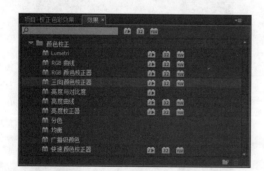

图 10-71　选中"三向颜色校正器"选项

步骤06 将"三向颜色校正器"选项拖至"时间轴"面板V1轨道的图像上，释放鼠标后添加该效果，如图10-72所示。

图 10-72　添加"三向颜色校正器"效果

步骤07 此时"效果控件"面板中显示"三向颜色校正器"效果选项，而"节目"监视器面板中的画面并没有任何变化，如图10-73所示。

图 10-73　展开"三向颜色校正器"选项

提示

在该素材画面中发现整个画面偏蓝色，特别是中间调的白塔与房屋尤为明显。在校正色彩过程中，主要是调整阴影、中间调及高光区域的色彩调整。

步骤08 在"阴影"彩色圆盘中，单击并向偏红色的绿色区域拖曳，增加阴影区域的绿色色素，如图10-74所示。

图 10-74　设置阴影区域色素

步骤09 在"中间调"彩色圆盘中，单击并向偏绿色的橙色区域拖曳，增加中间调区域的橙色色素，如图 10-75 所示。

图 10-75 设置中间调区域色素

步骤10 在"高光"彩色圆盘中，单击并向偏紫色的蓝色区域拖曳，增加高光区域的蓝色色素，如图 10-76 所示。

图 10-76 设置高光区域色素

步骤11 在"节目"监视器面板中，发现素材画面的蓝色色素降低，房屋的顶和墙砖恢复了原有的色彩，而白塔也减少了蓝色色素，如图 10-77 所示。

图 10-77 查看校正效果

步骤12 展开"饱和度"选项组，依次设置"阴影饱和度"、"中间调饱和度"，以及"高光饱和度"参数；展开"中间调"选项组，依次设置"中间调平衡数量级"、"中间调平衡增益"，以及"中间调平衡角度"参数，如图 10-78 所示。

图 10-78 设置"饱和度"与"中间调"选项

步骤13 结合"节目"监视器面板中的画面，还能设置阴影、高光、主色阶等选项组，从而使画面还原度更高，如图 10-79 所示。

图 10-79 校正后效果

步骤14 在"效果"面板中，将"视频效果"|"颜色校正"|"亮度校正器"选项，添加至"时间轴"面板的剪辑中，并显示在"效果控件"面板中，如图 10-80 所示。

图 10-80 添加"亮度校正器"效果

步骤15 在"亮度校正器"选项组中，结合"节目"监视器面板中的画面，设置"亮度"为11.00，"对比度"为5.00，提高整个画面的亮度与对比度，如图10-81所示。

图 10-81　设置"亮度校正器"选项

步骤16 按快捷键 Ctrl+S 保存该项目后，在"节目"监视器面板中查看画面效果，如图10-82所示。

图 10-82　最终效果

10.3.3　课堂练一练：复杂颜色调整效果

在视频色彩校正效果组中，不仅能够针对校正色调、亮度调整，以及饱和度调整进行效果设置，还可以为视频画面进行更加综合的颜色调整设置。如图10-83所示为同一个素材通过不同的调整特效，得到同一个色调的不同效果展示。

图 10-83　复杂颜色效果展示

步骤01 在"项目"面板的空白区域双击，从光盘中导入已经准备好的图像文件 FJ-003.jpg，如图10-84所示。

图 10-84　导入素材

步骤02 右击"项目"面板中的素材文件，在打开的快捷菜单中，选择"从剪辑新建序列"选项，如图10-85所示。

图 10-85　新建序列

步骤 03 选择"从剪辑新建序列"选项后，"时间轴"面板中自动新建序列并插入图像素材，如图 10-86 所示。

图 10-86　自动插入素材

步骤 04 当素材自动插入序列后，查看"节目"监视器面板，发现画面尺寸是按照素材尺寸建立的，如图 10-87 所示。

图 10-87　查看画面效果

步骤 05 在"效果"面板中，找到"视频效果"|"颜色校正"|"RGB 曲线"选项，并将其选中，如图 10-88 所示。

图 10-88　选中"RGB 曲线"选项

步骤 06 将"RGB 曲线"选项拖至"时间轴"面板 V1 轨道的图像上，释放鼠标后添加该效果，如图 10-89 所示。

图 10-89　添加"RGB 曲线"效果

步骤 07 此时"效果控件"面板中显示"RGB 曲线"效果选项，而"节目"监视器面板中的画面并没有任何变化，如图 10-90 所示。

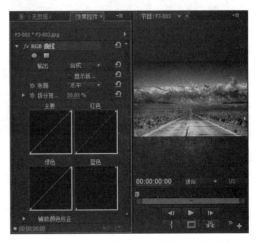

图 10-90　展开"RGB 曲线"效果选项

步骤 08 在"红色"曲线图中，在斜线右上角位置单击并向上拖曳，在添加锚点的同时建立向上曲线，增加画面中的红色像素，如图 10-91 所示。

步骤 09 在"绿色"曲线图中，在斜线中间偏上位置单击并向下拖曳，在添加锚点的同时建立向下曲线，增加紫色像素，如图 10-92 所示。

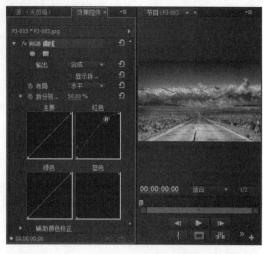

图 10-91　增加红色像素

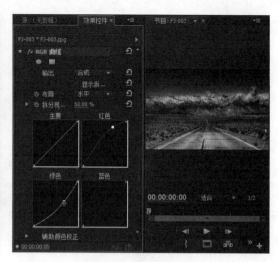

图 10-92　增加紫色像素

步骤 10 在"蓝色"曲线图中，在斜线中间位置单击并向下拖曳，在添加锚点的同时建立向下曲线，增加黄色像素，如图 10-93 所示。

步骤 11 在"主要"曲线图中，分别在右上方位置单击并向上拖曳，在右下方位置单击并向下拖曳，在添加锚点的同时建立 S 形曲线，增加画面的对比度，如图 10-94 所示。

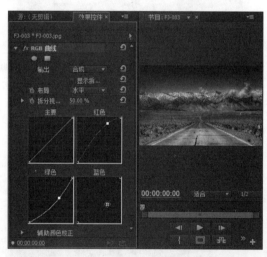

图 10-93　增加黄色像素

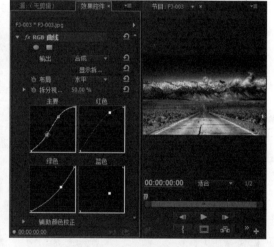

图 10-94　增加对比度

提示

当设置完成"RGB 曲线"效果选项后，在"效果控件"面板中隐藏该效果。这样当继续添加其他特效并进行设置时，不会影响当前特效的效果设置。

步骤 12 当"时间轴"面板中的素材被选中时，双击"效果"面板中的"颜色平衡"选项，为素材添加"颜色平衡"特效，如图 10-95 所示。

步骤 13 在"颜色平衡"选项组中，设置"阴影红色平衡"参数为 67.0，为画面添加阴影区域的红色像素，如图 10-96 所示。

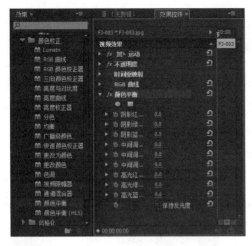

图 10-95 添加"颜色平衡"特效

图 10-96 添加阴影区域的红色

步骤 14 设置"阴影绿色平衡"参数为 -41.0,减少阴影区域的绿色像素,为画面添加阴影区域的紫色像素,如图 10-97 所示。

步骤 15 设置"阴影蓝色平衡"参数为 -100.0,减少阴影区域的蓝色像素,为画面添加阴影区域的黄色像素,如图 10-98 所示。

图 10-97 添加阴影区域的紫色

图 10-98 添加阴影区域的黄色

步骤 16 分别设置"高光红色平衡"、"高光绿色平衡",以及"高光蓝色平衡"参数值,改变高光区域的像素颜色,增加高光区域的亮度,如图 10-99 所示。

图 10-99 设置高光区域的色素

步骤 17 至此为同一个素材添加不同的色彩调整特效后,得到相同色调的不同效果。保留想要展示的特效,隐藏或删除不需要的特效选项,完成操作并保存项目。

10.4　调整类效果

调整类效果主要通过调整图像的色阶、阴影或高光，以及亮度、对比度等方式，达到优化影像质量或实现某种特殊画面效果的目的。

10.4.1　课堂练一练：阴影 / 高光效果

阴影 / 高光效果能够基于阴影或高光区域，使其局部相邻像素的亮度提高或降低，从而达到校正由强光而形成的剪影画面。如图 10-100 所示，就是通过阴影 / 高光效果提高画面阴影区域的亮度。

图 10-100　提高阴影区域的亮度

步骤 01 在"项目"面板的空白区域双击，从光盘中导入已经准备好的图像文件 FJ-005.jpg，如图 10-101 所示。

图 10-101　导入素材

步骤 02 右击"项目"面板中的素材文件，在打开的快捷菜单中，选择"从剪辑新建序列"选项，如图 10-102 所示。

图 10-102　新建序列

步骤 03 选择"从剪辑新建序列"选项后，"时间轴"面板中自动新建序列并插入图像素材，如图 10-103 所示。

图 10-103　自动插入素材

步骤 04 当素材自动插入序列后，查看"节目"监视器面板，发现画面尺寸是按照素材尺寸建立的，如图 10-104 所示。

图 10-104　查看画面效果

步骤 05 在"效果"面板中，找到"视频效果"|"调整"|"阴影/高光"选项，并将其选中，如图 10-105 所示。

图 10-105 选中"阴影/高光"选项

步骤 06 将"阴影/高光"选项拖至"时间轴"面板 V1 轨道的图像上，释放鼠标后添加该效果，如图 10-106 所示。

图 10-106 添加"阴影/高光"效果

步骤 07 在"效果控件"面板中，展开"阴影/高光"选项组，发现"自动数量"选项被启用，如图 10-107 所示。

图 10-107 查看"阴影/高光"选项

步骤 08 在"节目"监视器面板中，发现画面在不影响高光区域的同时，提高阴影区域的亮度，并显示出阴影区域的细节，如图 10-108 所示。

图 10-108 画面效果

步骤 09 此时如果对画面效果满意，即可保存该项目。如果感觉效果欠佳，可以在"阴影/高光"选项组中继续设置参数。这里设置"颜色校正"参数为 100，增加了画面的饱和度，如图 10-109 所示。

图 10-109 增加色彩饱和度

步骤 10 按快捷键 Ctrl+S 保存该项目后，在"节目"监视器面板中查看画面效果。

10.4.2 课堂练一练：色阶效果

在 Premiere 数量众多的图像调整效果中，色阶是较为常用，且较为复杂的视频效果之一。色阶视频效果的原理是通过调整素材画面内的阴影、中间调和高光的强度级别，从而校正图像的色调范围和颜色平衡。如图 10-110 所示为通过该特效改变画面的色调，从而改变画面的色彩温度。

图 10-110　色调改变对比

步骤 01 在"项目"面板的空白区域双击，从光盘中导入已经准备好的图像文件 FJ-008.jpg，如图 10-111 所示。

图 10-111　导入素材

步骤 02 以素材为剪辑建立新序列后，将"效果"面板中的"视频效果"|"调整"|"色阶"选项，添加至剪辑中。在"效果控件"面板中展开该效果，如图 10-112 所示。

图 10-112　"色阶"选项组

步骤 03 在"色阶"选项组中，设置"（RGB）输出黑色阶"参数值为 13，增加暗部区域的亮度，如图 10-113 所示。

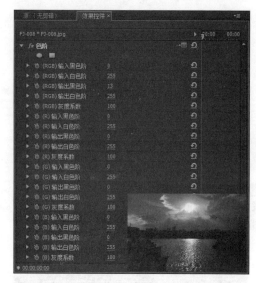

图 10-113　提高暗部亮度

步骤 04 继续在"色阶"选项组中，设置"（R）输入白色阶"参数值为 166，增加整体的红色像素，如图 10-114 所示。

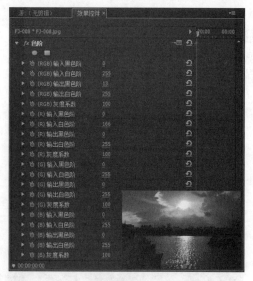

图 10-114　增加红色像素

步骤 05 设置"（R）输出白色阶"参数值为 233，降低暗部区域的红色像素，如图 10-115 所示。

步骤 06 设置"（G）输入黑色阶"参数值为 19，增加暗部区域的紫色像素，如图 10-116 所示。

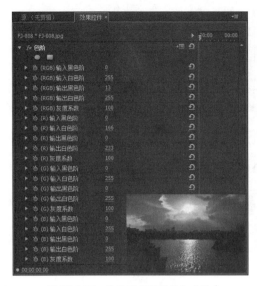

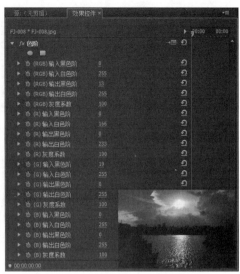

图 10-115　降低暗部区域的红色像素　　　　　图 10-116　增加暗部区域的紫色像素

步骤 07 设置"（G）输入白色阶"参数值为 215，增加高光区域的黄色像素，如图 10-117 所示。

步骤 08 设置"（B）输出白色阶"参数值为 168，继续增加高光区域的黄色像素，如图 10-118 所示。

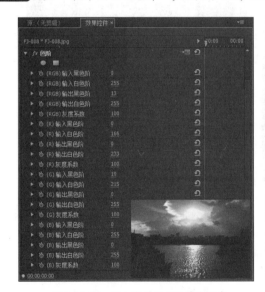

图 10-117　增加高光区域的黄色像素　　　　　图 10-118　增加高光区域的黄色像素

步骤 09 按快捷键 Ctrl+S 保存该项目后，在"节目"监视器面板中查看画面效果。

10.4.3　课堂练一练：光照效果

利用光照效果视频效果，可以通过控制光源数量、光源类型及颜色，实现为画面内的场景添加真实光照效果的目的。如图 10-119 所示为素材添加光照的动画效果展示。

图 10-119　光照动画效果展示

步骤 01 在"项目"面板的空白区域双击，从光盘中导入已经准备好的图像文件 FJ-011.jpg，如图 10-120 所示。

步骤 02 以素材为剪辑建立新序列后，将"效果"面板中的"视频效果"|"调整"|"光照效果"选项，添加至剪辑中。在"效果控件"面板中展开该效果，如图 10-121 所示。

图 10-120　导入素材

图 10-121　展开"光照效果"选项

步骤 03 当添加"光照效果"特效后，"节目"监视器面板中的素材自动添加点光源效果，如图 10-122 所示。

步骤 04 在"光照效果"选项组中，展开"光照 1"选项组，能够看到该光源的各个选项参数，如图 10-123 所示。

图 10-122　添加点光源效果

图 10-123　点光源的选项

步骤 05 选择"光照类型"为"全光源",画面中的点光源效果变成全光源效果,如图 10-124 所示。

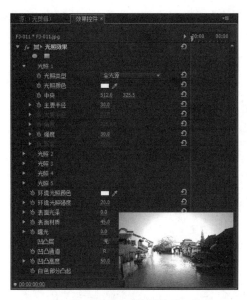

图 10-124 全光源效果

高手支招

Premiere 为用户提供了全光源、点光源和平行光 3 种不同类型的光源。其中,点光源的特点是仅照射指定的范围,例如之前我们所看到的聚光灯效果。

步骤 06 单击"光照颜色"选项右侧的色块,在打开的"拾色器"对话框中设置颜色为 #FBFFC2,改变光源的颜色,如图 10-125 所示。

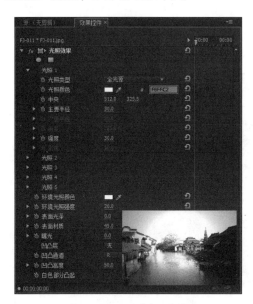

图 10-125 设置光照颜色

步骤 07 依次设置"中央"选项的参数为 887.0、442.5,改变全光源在画面中的显示位置,如图 10-126 所示。

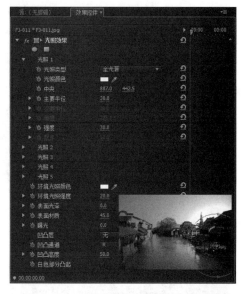

图 10-126 改变全光源在画面中的显示位置

提示

在"效果控件"面板中,单击"光照效果"选项组名称,即可在"节目"监视器面板中显示出光源控制图,单击并拖曳其中的十字图标即可移动该光源。

步骤 08 设置"主要半径"的参数为 60.0,扩大全光源的照射范围,如图 10-127 所示。

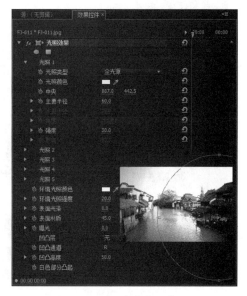

图 10-127 扩大光源范围

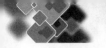

步骤 09 依次设置"环境光照颜色"为 #FEFC39，"环境光照强度"为 16.0，"表面光泽"为 -37.0，修饰全光源周围的光照效果，如图 10-128 所示。

步骤 10 确定"当前时间指示器"为 00:00:00:00，设置"曝光"参数为 -75.0，并单击该选项的"切换动画"按钮，创建第一个关键帧，如图 10-129 所示。

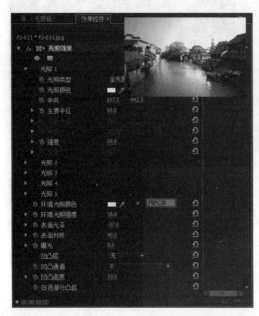

图 10-128　修饰全光源周围的光照效果

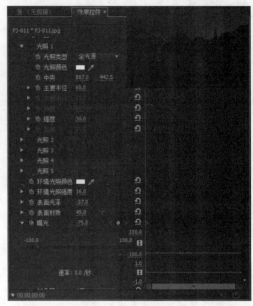

图 10-129　创建"曝光"关键帧

步骤 11 确定"当前时间指示器"为 00:00:05:00，设置"曝光"参数为 40.0，自动建立第二个关键帧，如图 10-130 所示。

步骤 12 按快捷键 Ctrl+S 保存该项目后，在"节目"监视器面板中单击"播放 - 停止播放"按钮，查看画面效果，如图 10-131 所示。

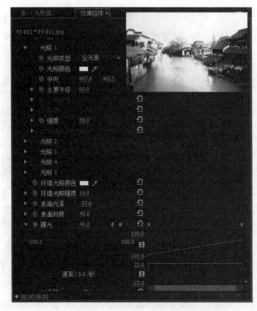

图 10-130　创建第二个关键帧

图 10-131　查看效果

10.4.4 其他调整效果

在调整类效果组中，除了上述颜色调整的效果外，还包括有些亮度调整、色彩调整，以及黑白效果调整的效果。

1. 卷积内核

"卷积内核"是 Premiere 内部较为复杂的视频效果之一，其原理是通过改变画面内各个像素的亮度值来实现某些特殊效果，其参数面板如图 10-132 所示。

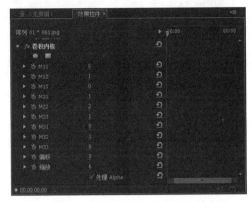

图 10-132 "卷积内核"效果的参数面板

在"效果控件"面板内的"卷积内核"选项中，M11～M33 这 9 项参数全部用于控制像素亮度，单独调整这些选项只能实现调节画面亮度的效果。然而，在组合使用这些选项后，便可以获得重影、浮雕，甚至让略微模糊的图像变得清晰起来，如图 10-133 所示。

图 10-133 卷积内核效果应用效果

在 M11～M33 这 9 项参数中，每 3 项参数分为一组，如 M11～M13 为一组，M21～M23 为一组，M31～M33 为一组。调整时，通常情况下每组内的第 1 项参数与第 3 项参数应包含一个正值和一个负值，且两数之和为 0，至于第 2 项参数则用于控制画面的整体亮度。这样一来，便可以在实现立体效果的同时保证画面亮度不会出现太大变化。

2. ProcAmp

基本信号控制效果的作用是调整素材的亮度、对比度，以及色相、饱和度等基本的影像属性，从而实现优化素材质量的目的。

为素材添加 ProcAmp 视频效果后，在"效果控件"面板内展开 ProcAmp 选项，其各项参数如图 10-134 所示。

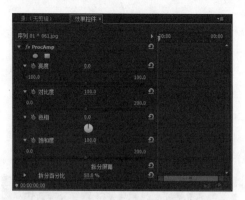

图 10-134　效果参数项

若要调整 ProcAmp 视频效果对影片剪辑的应用效果，可以在"效果控件"面板内的 ProcAmp 选项中，通过更改下列参数来实现。

■ 亮度

调整素材画面的整体亮度，取值越小画面越暗，反之则越亮。在实现应用中，该选项的取值范围通常在 -20 ～ 20。

■ 对比度

调节画面亮部与暗部间的反差，取值越小反差越小，表现为色彩变得暗淡，且黑、白色都开始发灰；取值越大则反差越大，表现为黑色更黑，白色更白，如图 10-135 所示。

图 10-135　不同对比度的效果对比

■ 色相

该选项的作用是调整画面的整体色调。利用该选项，除了可以校正画面整体偏色外，还可以创造一些诡异的画面效果，如图 10-136 所示。

图 10-136　调整画面色调

■ 饱和度

用于调整画面色彩的鲜艳程度，取值越大色彩越鲜艳，反之则越暗淡，当取值为 0 时画面便会成为灰度图像，如图 10-137 所示。

图 10-137　调整画面色彩的饱和度

3．提取

"提取"效果的功能是去除素材画面内的彩色信息，从而将彩色的素材画面处理为灰度画面，如图 10-138 所示。

图 10-138　提取效果应用前后效果的对比

在"效果控件"面板中，不仅可以通过"提取"选项下的参数来控制画面效果，还可以在单击"提取"效果选项中的"设置"按钮后，在弹出的"提取设置"对话框内直观地调节画面效果，如图 10-139 所示。

图 10-139　"提取设置"对话框

在"效果控件"面板中，"提取"选项内的各项参数与"提取设置"对话框内的参数相对应，其功能如下。

■ 输入黑色阶

该参数与"提取设置"对话框中"输入范围"的第一个参数相对应，其作用是控制画面内黑色像素的数量，取值越小，黑色像素越少。

■ 输入白色阶

该参数与"提取设置"对话框中"输入范围"的第二个参数相对应，其作用是控制画面内白色像素的数量，取值越小，白色像素越少。

■ 柔和度

控制画面内灰色像素的阶数与数量，取值越小，上述两项内容的数量也就越少，黑、白像素间的过渡就越为直接；反之，则灰色像素的阶数与数量越多，黑、白像素间的过渡就越为柔和、缓慢。

■ 反转

当启用该复选框后，Premiere 会置换图像内的黑白像素，即黑像素变为白像素、白像素变为黑像素，如图 10-140 所示。

图 10-140　反转效果

10.5　Lumetri Looks

Lumetri Looks 选项组中的效果只能在 Premiere 中应用到序列，不能在 Premiere 中进行编辑。要想编辑 Lumetri Looks 中的某个效果，必须将 Lumetri Looks 效果所在的序列导出，然后在 Adobe Speed Grade 中进行编辑。

10.5.1　应用 Lumetri Looks

Premiere Pro CC 中的 Lumetri Looks 效果是一组颜色分级效果，Lumetri Looks 效果分别按照颜色、用途、色彩温度，以及色彩风格等在"效果"面板中分为 4 个效果选项组："去饱和度"效果、"电影"效果、"色温"效果，以及"风格"效果，如图 10-141 所示。

图 10-141　Lumetri Looks 效果

1. 去饱和度效果

"去饱和度"效果是针对视频画面颜色饱和度的一组效果选项，在该效果选项组中分别提供了 8 个不同的表现颜色饱和度的效果，只要选中"效果"面板中 Lumetri Looks 选项组的"去饱和度"选项组，即可在右侧查看其中各种效果的效果示意图，如图 10-142 所示。

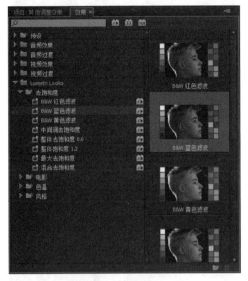

图 10-142　"去饱和度"效果

将准备好的视频文件放置在"时间轴"面板中后，即可查看该视频的原始画面效果，如图 10-143 所示。

图 10-143　视频原始画面效果

在"去饱和度"效果选项组中，能够根据不同效果名称及效果示意图，直观地了解每个效果的作用。所以只要选择想要的效果，将其拖至"时间轴"

面板的视频片段中，即可查看该效果应用到视频中的画面效果，如图 10-144 所示。

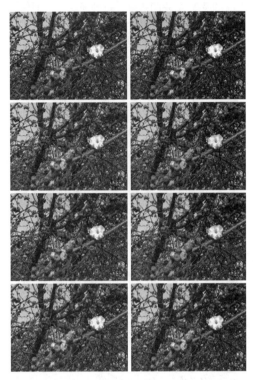

图 10-144　"去饱和度"效果在视频画面中的效果展示

2. 电影效果

"电影"效果是根据常用电影画面效果来设定的颜色效果选项组，在该效果选项组中分别提供了 8 个不同电影色彩画面的效果。只要选中"效果"面板中 Lumetri Looks 选项组的"电影"选项，即可在右侧查看其中各种效果的效果示意图，如图 10-145 所示。

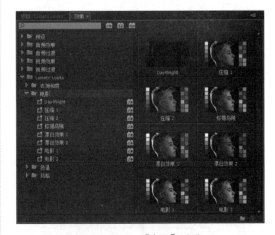

图 10-145　"电影"效果

在"电影"效果选项组中，能够根据不同效果名称及效果示意图，直观地了解每个效果的作用。所以只要选择想要的效果，将其拖至"时间轴"面板的视频片段中，即可查看该效果应用到视频中的画面效果，如图 10-146 所示。

在"色温"效果选项组中，能够根据不同效果名称及效果示意图，直观地了解每个效果的作用。所以只要选择想要的效果，将其拖至"时间轴"面板的视频片段中，即可查看该效果应用到视频中的画面效果，如图 10-148 所示。

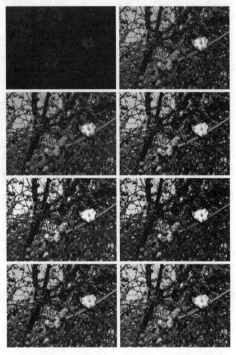

图 10-146　"电影"效果在视频画面中的效果展示

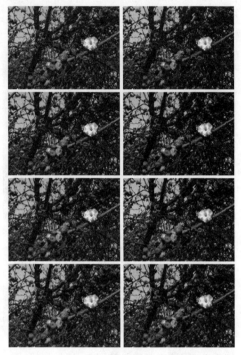

图 10-148　"色温"效果在视频画面中的效果展示

3. 色温效果

"色温"效果是根据颜色所表达的温度效果来设定的颜色效果选项组，在该效果选项组中分别提供了 8 个代表不同颜色温度的效果选项。只要选择"效果"面板中 Lumetri Looks 选项组的"色温"选项，即可在右侧查看其中各种效果的效果示意图，如图 10-147 所示。

4. 风格效果

"风格"效果是根据不同年代的色彩及应用来设定的颜色效果选项组，在该效果选项组中分别提供了 8 个代表不同年代的效果选项。只要选择"效果"面板中 Lumetri Looks 选项组的"风格"选项，即可在右侧查看其中各种效果的效果示意图，如图 10-149 所示。

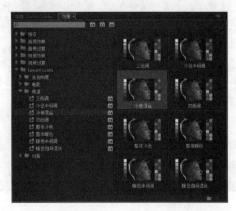

图 10-147　"色温"效果

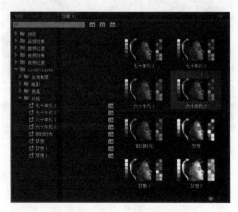

图 10-149　"风格"效果

在"风格"效果选项组中，能够根据不同效果名称及效果示意图，直观地了解每个效果的作用。所以只要选择想要的效果，将其拖至"时间轴"面板中的视频片段中，即可查看该效果应用到视频中的画面效果，如图 10-150 所示。

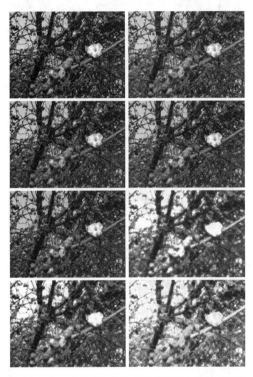

图 10-150　"风格"效果在视频画面中的效果展示

10.5.2　编辑与导出 Lumetri Looks

"效果"面板中 Lumetri Looks 选项组中的各个效果选项，当放置在"时间轴"面板的视频片段中后，在"效果控件"面板中均显示应用的效果，如图 10-151 所示。

图 10-151　"效果控件"面板中的效果显示

在"效果控件"面板中，Lumetri Looks 效果还能够通过单击其左侧的"切换效果开关"按钮，来

查看"节目"监视器面板中视频画面的对比效果，如图 10-152 所示。

图 10-152　显示与隐藏效果显示

当单击 Lumetri Looks 效果选项右侧的"设置"按钮后，弹出的不是设置对话框，而是"Look 和 LUT"对话框。在该对话框中需要打开相关文件才能够进行更改，如图 10-153 所示。

图 10-153　"Look 和 LUT"对话框

Lumetri Looks 效果中的每个效果，在 Premiere 中只能够应用而不能进行设置。要想设置应用在视频片段中的 Lumetri Looks 效果，首先要将视频所在的序列从 Premiere Pro 发送至 Speed Grade 进行颜色分级，然后再导回 Premiere Pro 中。

将视频所在的序列从 Premiere Pro 发送至 Speed Grade 进行颜色分级之前，首先要将视频所在的序列进行导出。方法是在 Premiere 中选中 Lumetri Looks 效果所应用的序列，如图 10-154 所示。

图 10-154　选中序列

执行"文件"｜"导出"｜EDL 命令，弹出"EDL 导出设置"对话框，如图 10-155 所示。在该对话框中，可以导出 1 条视频轨道和最多 4 条音频轨道，或导出 2 条立体声轨道。

当指定 EDL 文件的位置和名称后，单击"确定"按钮，在弹出的"将序列另存为 EDL"对话框中，单击"保存"按钮，即可保存后缀名为 .edl 的文件，如图 10-156 所示。此时将该文件导入 SpeedGrade 中即可进行编辑。

图 10-155　"EDL 导出设置"对话框

图 10-156　保存文件

提示

Adobe SpeedGrade 是 Adobe 公司出品的专业调色软件，是一款高性能数码电影调色和输出软件，其支持立体声、3D、RAW 处理，以及数码调光，实时支持最高 8K 的电影级别分辨率。

10.6　实战应用：制作季节转换视频

颜色调整特效放置在视频中时，不仅能够调整整个视频中的画面色调，还能够通过关键帧设置色调改变的过渡效果，静止图片同样适用。如图 10-157 所示，就是为静止图片添加颜色平衡特效的过渡动画，同时搭配移动动画，形成季节转换的动画效果。

图 10-157　季节转换视频效果

步骤 01 在 "项目" 面板的空白区域双击,从光盘中导入已经准备好的图像文件 "全景风景图 .jpg",如图 10-158 所示。

步骤 02 单击 "项目" 面板底部的 "新建项" 按钮,选择 "序列" 选项。直接在 "新建序列" 对话框中单击 "确定" 按钮,即可创建空白序列,如图 10-159 所示。

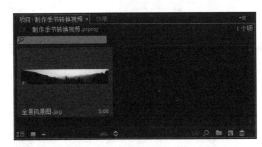

图 10-158　导入素材

图 10-159　创建空白序列

步骤 03 将 "项目" 面板中的图像素材选中后,将其拖至 "时间轴" 面板的 V1 轨道中,如图 10-160 所示。

步骤 04 选中 "时间轴" 面板中的素材后,在 "效果控件" 面板中设置 "缩放" 为 52.0,使图像的高度尽可能地显示在 "节目" 监视器面板中,如图 10-161 所示。

图 10-160　插入素材

图 10-161　缩小尺寸

步骤 05 确定当前时间指示器在 00:00:00:00,设置 "位置" 为 1565.0,288.0,并单击 "切换动画" 按钮,创建第一个关键帧,如图 10-162 所示。

步骤 06 确定当前时间指示器在 00:00:04:23,设置 "位置" 为 -890.0,288.0,并自动创建第二个关键帧,如图 10-163 所示。

图 10-162 创建第一个关键帧

图 10-163 创建第二个关键帧

步骤 07 在"效果"面板中，找到"视频效果"|"颜色校正"|"颜色平衡"选项，并将其选中，如图 10-164 所示。

图 10-164 选中"颜色平衡"选项

步骤 08 将"颜色平衡"选项拖至"时间轴"面板

V1 轨道的图像上，释放鼠标后添加该效果，如图 10-165 所示。

图 10-165 添加"颜色平衡"效果

步骤 09 在"颜色平衡"选项组中，设置"阴影红色平衡"参数为 75.0，增加阴影区域的红色像素，如图 10-166 所示。

图 10-166 增加阴影区域的红色像素

步骤 10 设置"阴影绿色平衡"参数为 -30.0，降低阴影区域的绿色像素，同时增加阴影区域的紫色像素，如图 10-167 所示。

图 10-167 增加阴影区域的紫色像素

步骤 11 设置"阴影蓝色平衡"参数为 -67.0，降低阴影区域的蓝色像素，同时增加阴影区域的黄色像素，如图 10-168 所示。

步骤 12 设置"高光蓝色平衡"参数值为 12.0，增加高光区域的蓝色像素，如图 10-169 所示。

图 10-168　增加阴影区域的黄色像素　　　图 10-169　增加高光区域的蓝色像素

步骤 13 确定当前时间指示器在 00:00:04:23，分别单击"颜色平衡"选项组中设置过参数的"切换动画"按钮，创建第一个关键帧，如图 10-170 所示。

步骤 14 拖曳当前时间指示器至 00:00:00:00 位置，在"效果控件"面板中，依次单击设置过的"重置参数"按钮，使选项恢复默认参数的同时，创建第二个关键帧，如图 10-171 所示。

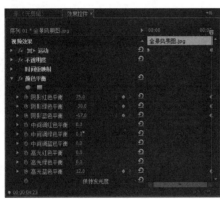 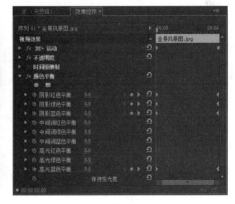

图 10-170　创建特效关键帧　　　　　图 10-171　创建第二个关键帧

步骤 15 至此，季节转换动画视频制作完成。按快捷键 Ctrl+S 保存该项目后，单击"节目"监视器面板中的"播放 - 停止播放"按钮，即可查看视频效果，如图 10-172 所示。

图 10-172　查看动画效果

10.7 习题测试

1. 填空题

（1）_____ 指色彩的相貌，是区别色彩种类的名称，根据不同光线的波长进行划分。

（2）阴影 / 高光视频效果能够基于 _____ 或高光区域，使其局部相邻像素的亮度提高或降低，从而达到校正由强逆光而形成的剪影画面效果。

2. 操作题

调整视频画面对比度是校正视频时经常要做的工作之一。为此，Premiere 为我们准备了"自动对比度"视频效果工具，以减少用户在进行此类工作时的任务量。

为素材应用"自动对比度"视频效果后，Premiere 默认会对素材画面进行一番对比度方面的调整，如图 10-173 所示。

图 10-173 自动对比度效果应用前后效果对比

10.8 本课小结

本课与"视频画面特效"一课相似，色彩调整特效的种类繁多，并且与视频特效的添加方法相同，但是每个特效的具体选项参数各不相同。色彩调整特效的独特之处在于，特效的选项参数是基于用户的色彩感觉来设置的，也就是说，色彩特效设置没有对错之分，只要用户认为画面色调是自己想要的效果即可，从而更能发挥用户的想象力。

第 11 课 视频合成特效

视频合成特效

经过前面课程的学习，用户已经能将视频中的小问题解决，并且可以为视频调整色彩，以及添加各种画面和过渡效果。而对于电视节目或者电影中的高级特效来讲，就需要通过视频遮罩技术来实现令人炫目的视觉效果。

技术要点：

◆　视频合成概述
◆　导入 PSD 图像文件
◆　合成类效果使用方法

11.1　合成概述

合成视频是非线性视频编辑类视频效果中的一个重要功能，而所有合成效果都具有的共同点，便是能够让视频画面中的部分内容变为透明状态，从而显露出其下方的视频画面。

11.1.1　调节素材的不透明度

在 Premiere 中，操作最为简单、使用最为方便的视频合成方式，便是通过降低顶层视频轨道中的素材透明度，从而显现出底层视频轨道上的素材内容。操作时，只需选择顶层视频轨道中的素材后，在"效果控件"面板中直接降低"不透明度"选项的参数，所选视频素材的画面将会呈现一种半透明状态，从而隐约透出底层视频轨道中的内容，如图 11-1 所示。

图 11-1　通过降低素材透明度来"合成"视频

指点迷津

要想通过调整透明度进行两个素材之间的合成，必须将这两个素材放置在同一时间段内，否则即使降低了"透明度"参数，也无法查看下方的素材画面。

不过，上述操作多应用于两段视频素材的重叠部分。也就是说，通过添加"透明度"关键帧，影视编辑人员可以以使用降低素材透明度的方式来实现过渡效果，如图 11-2 所示。

图 11-2　不透明度过渡动画

11.1.2　导入含 Alpha 通道的 PSD 图像

所谓"Alpha 通道"是指图像额外的灰度图层，其用于定义图形或者字幕的透明区域。利用 Alpha 通道，可以将某个视频轨道中的图像素材、徽标或文字与另一个视频轨道内的背景组合。

若要使用 Alpha 通道实现图像合并，需要首先在图像编辑程序中创建具有 Alpha 通道的素材。例

如，在 Photoshop 中打开所要使用的图像素材，然后将图像主体抠取出来，并在"通道"面板内创建新通道后，使用白色填充主体区域，如图 11-3 所示。

图 11-3　为图像创建 Alpha 通道

接下来，将包含 Alpha 通道的图像素材添加至影视编辑项目内，并将其添加至 V2 视频轨道内。此时，可以看出图像素材除主体外的其他内容都被隐藏了，而产生这种效果的原因便是之前我们在图像素材内创建的 Alpha 通道，如图 11-4 所示。

图 11-4　利用 Alpha 通道隐藏图像素材中的多余部分

11.2　无用信号类遮罩效果

在 Premiere Pro 中，几乎所有的抠像效果都集中在"效果"面板中"视频效果"文件夹的"键控"子文件夹中。这些效果的作用都是在多个素材发生重叠时，隐藏顶层素材画面中的部分内容，从而在相应位置显现出底层素材的画面，实现拼合素材的目的。其中，无用信号遮罩类视频效果的功能是在素材画面内设定多个遮罩点，并利用这些遮罩点所连成的封闭区域来确定素材的可见部分。

11.2.1　课堂练一练：使用 16 点无用信号遮罩进行合成

"16 点无用信号遮罩"效果是"视频效果"|"键控"效果组中的一个效果，该效果是通过调整画面中的 16 个遮罩点，来达到局部遮罩的效果。如图 11-5 所示，就是通过该效果得到的合成效果。

图 11-5　合成效果

步骤 01 在"项目"面板的空白区域双击，从光盘中导入已经准备好的图像文件 78623-106.jpg 和"金字塔.jpg"，如图 11-6 所示。

步骤 02 单击"项目"面板底部的"新建项"按钮，选择"序列"选项。直接在"新建序列"对话框中单击"确定"按钮，即可创建空白序列，如图 11-7 所示。

图 11-6　导入素材　　　　　　　　　图 11-7　新建序列

步骤 03 将素材 78623-106.jpg 拖曳至"时间轴"面板的 V1 轨道中后，将素材"金字塔.jpg"拖曳至 V2 轨道中，如图 11-8 所示。

图 11-8　将素材插入轨道中

提示

在"时间轴"面板中，分别在不同的轨迹中放置素材，并且将其放置在同一时间段内。这样才能在设置上方画面遮罩后，显示出下方画面，并且与之形成合成效果。

步骤 04 选中素材 78623-106.jpg 后，在"效果控件"面板中设置"缩放"为 56.0，"位置"为 234.0,288.0，使画面中的天空区域显示在"节目"监视器面板中，如图 11-9 所示。

高手支招

当"时间轴"面板中的两个或两个以上的轨道中插入素材后，要想查看下方轨道中的素材画面效果，可以将其上方的所有轨道隐藏，方法是单击"切换轨道输出"按钮。

步骤 05 显示并选中 V2 轨道中的素材，在"效果控件"面板中设置"缩放"为 55.0，使金字塔显示在"节目"监视器面板中，如图 11-10 所示。

图 11-9　设置"缩放"与"位置"选项　　　　图 11-10　设置"缩放"选项

步骤 06 在"效果"面板中，展开"视频效果"|"键控"选项组，选中"16 点无用信号遮罩"选项，如图 11-11 所示。

步骤 07 单击并拖曳"16 点无用信号遮罩"效果，拖曳至"时间轴"面板 V2 轨道中的素材上方，释放鼠标后为其添加"16 点无用信号遮罩"效果，如图 11-12 所示。

图 11-11　选中"16 点无用信号遮罩"选项　　图 11-12　添加"16 点无用信号遮罩"效果

步骤 08 当选中轨道中的"金字塔.jpg"素材后，在"效果控件"面板中，展开"16 点无用信号遮罩"选项组，如图 11-13 所示。

步骤 09 单击选中"16 点无用信号遮罩"选项组名称，在"节目"监视器面板中显示遮罩点的分布情况，如图 11-14 所示。

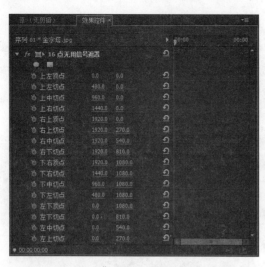

图 11-13 展开"16 点无用信号遮罩"选项组　　　图 11-14 遮罩点的分布情况

步骤 10 继续在"节目"监视器面板中，单击并拖曳左上角的遮罩点至左下角的金字塔边缘位置，显示出下方素材画面，如图 11-15 所示。

高手支招

用户既可以在"效果控件"面板内通过更改相应参数的方式移动遮罩点，也可以在单击"效果控件"面板内的"16 点无用信号遮罩"选项后，在监视器窗口内直接拖曳遮罩锚点，从而调整其位置。

步骤 11 依次调整其他的遮罩点后，金字塔之外的部分已经基本被隐藏起来，如图 11-16 所示。

图 11-15 调整上左顶点的坐标位置　　　图 11-16 遮罩点调整之后的位置

步骤 12 至此遮罩操作完成，两个素材合成为一个画面效果。按快捷键 Ctrl+S 保存该项目后，即可在"节目"监视器面板中查看效果。

11.2.2　8 点与 4 点无用信号遮罩

　　"8 点无用信号遮罩"、"4 点无用信号遮罩"效果与"16 点无用信号遮罩"的使用原理相同，只是遮罩点的数量不用。其中，遮罩点的分布情况如图 11-17 所示。

图 11-17 遮罩点的分布情况

对于复杂的画面，为其添加"16 点无用信号遮罩"效果后，可能也无法完整地制作出遮罩形状，为此，可以通过添加第 2 或第 3 个无用信号遮罩视频效果的方法，修正这些细节部分的问题，最终效果如图 11-18 所示。

图 11-18 应用多个无用信号遮罩效果后的效果

11.3　差异类遮罩效果

在"键控"效果组中，不仅能够通过遮罩点来进行局部遮罩，还可以通过矢量图形、明暗关系等因素，来设置遮罩效果，例如亮度键、轨道遮罩键、差异遮罩等效果。

11.3.1　Alpha 调整

Alpha 调整的功能是控制图像素材中的 Alpha 通道，通过影响 Alpha 通道实现调整影片效果的目的，其参数面板如图 11-19 所示。在 Alpha 调整效果的选项组中，各个选项的作用如下。

图 11-19　Alpha 调整效果选项

▷ 不透明度：该选项能够控制 Alpha 通道的透明程度，因此在更改其参数值后会直接影响相应图像素材在屏幕画面上的表现效果，如图 11-20 所示。

图 11-20　降低不透明度效果

▷ 忽略 Alpha：启用该选项后，序列将会忽略图像素材 Alpha 通道所定义的透明区域，并使用黑色像素填充这些透明区域，如图 11-21 所示。

图 11-21　启用"忽略 Alpha"选项

▷ 反转 Alpha：顾名思义，该选项会反转 Alpha 通道所定义透明区域的范围。因此，图像素材内原本应该透明的区域会变得不再透明，而原本应该显示的部分则会变成透明的不可见状态，如图 11-22 所示。

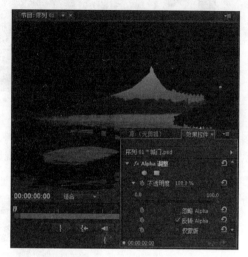

图 11-22　启用"反相 Alpha"选项

▷ 仅蒙版：如果启用该选项，则图像素材在屏幕画面中的非透明区域将显示为通道画面（即黑、白、灰图像），但透明区域不会受此影响，如图 11-23 所示。

图 11-23　启用"仅蒙版"选项

11.3.2　课堂练一练：通过亮度键进行合成

亮度键视频效果用于去除素材画面内较暗的部分，只要为其添加该效果就会自动呈现合成效果，而无须再进行设置。如图 11-24 所示，就是通过亮度键效果合成的效果展示。

图 11-24 合成效果

步骤 01 在"项目"面板的空白区域双击，从光盘中导入已经准备好的图像文件"夜色 .jpg"和"圆月 .jpg"，如图 11-25 所示。

图 11-25 导入素材

步骤 02 右击"项目"面板中的"夜色 .jpg"素材文件，在打开的快捷菜单中，选择"从剪辑新建序列"选项，如图 11-26 所示。

图 11-26 新建序列

步骤 03 选择"从剪辑新建序列"选项后，"时间轴"面板中自动新建序列并插入图像素材，如图 11-27 所示。

图 11-27 在新建序列中插入素材

步骤 04 当素材自动插入序列后，查看"节目"监视器面板，发现画面尺寸是按照素材尺寸建立的，如图 11-28 所示。

图 11-28 查看画面效果

步骤 05 继续将"项目"面板中的"圆月 .jpg"素材，插入"时间轴"面板的 V2 轨道中，使两个素材画面重叠，如图 11-29 所示。

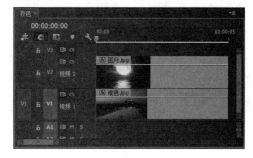

图 11-29 插入素材至 V2 轨道中

步骤 06 在"效果"面板中，找到"视频效果"|"键控"|"亮度键"选项，并将其选中，如图 11-30 所示。

图 11-30　选中"亮度键"选项

步骤07 将"亮度键"选项拖至"时间轴"面板 V2 轨道的图像上，释放鼠标后添加该效果，如图 11-31 所示。

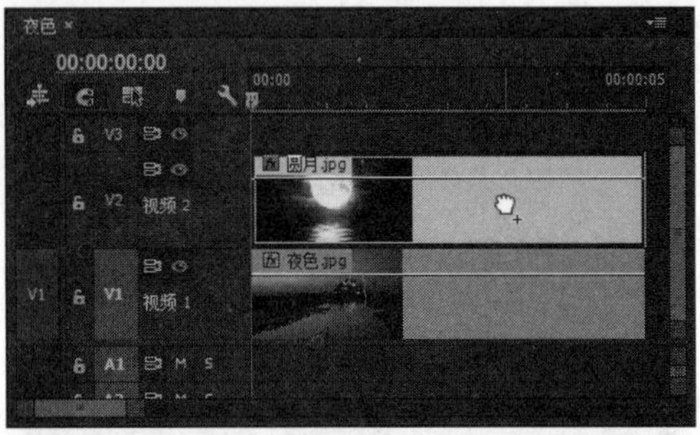

图 11-31　添加"亮度键"效果

步骤08 此时"效果控件"面板中显示"亮度键"效果选项，而"节目"监视器面板中的黑色区域自动被隐藏，如图 10-32 所示。

图 11-32　"亮度键"效果选项

提示

在"效果控件"面板内，通过更改"亮度键"选项组中的"阈值"和"屏蔽度"选项，便可以调整效果应用于素材剪辑后的效果。

步骤09 至此遮罩操作完成，两个素材合成为一个画面效果。按快捷键 Ctrl+S 保存该项目后，即可在"节目"监视器面板中查看效果。

11.3.3　图像遮罩键

"图像遮罩键"视频效果的使用方法是在将其应用于待抠取素材后，根据参数设置的不同，为效果指定一张带有 Alpha 通道的图像素材用于指定抠取范围。或者，直接利用图像素材本身来划定抠取范围。例如在"视频 1"和"视频 2"轨道内添加素材，如图 11-33 所示。

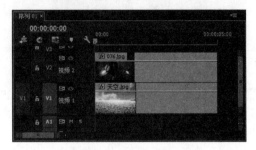

图 11-33　添加素材

选择 V2 轨道上的图像素材后，为其添加"图像遮罩键"视频效果，并单击"图像遮罩键"选项组中的"设置"按钮。在弹出的"选择遮罩图像"对话框中，选择相应的遮罩图像，如图 11-34 所示。

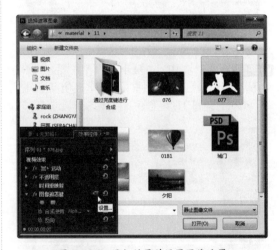

图 11-34　添加效果并设置图像遮罩

接下来，将"图像遮罩键"选项组中的"合成使用"选项设置为"亮度遮罩"选项。此时图像素材内所有位于遮罩图像黑色区域中的画面都将被隐藏，只有位于白色区域内的花卉仍旧为可见状态，并已经与背景中的画面融为一体了，如图 11-35 所示。

图 11-35　更改合成模式

不过，如果启用"图像遮罩键"选项组中的"反相"选项，则会颠倒所应用遮罩图像中的黑、白像素，从而隐藏图像素材中的花卉，而显示该素材中的其他内容。

11.3.4　轨道遮罩键

从效果及实现原理来看，"轨道遮罩键"视频效果与"图像遮罩键"视频效果完全相同，都是将其他素材作为遮罩后隐藏或显示目标素材的部分内容。然而，从实现方式来看，前者是将图像添加至时间轴上后，作为遮罩素材使用的，而"图像遮罩键"视频效果则是直接将遮罩素材附加在目标素材上。

例如，分别将"天空"和"儿童 01"素材添加至 V1 和 V2 轨道内。此时，由于视频轨道叠放顺序的原因，"节目"监视器面板内将只显示"儿童 01"的素材画面，而"天空"素材只显示周围边缘区域的画面，如图 11-36 所示。

图 11-36　添加素材

接下来，在 V3 轨道内添加事先准备好的遮罩素材，而在"节目"监视器面板中将显示最上方的素材画面，如图 11-37 所示。

图 11-37　添加遮罩素材

完成上述操作后，为 V2 轨道中的"儿童 01"素材添加"轨道遮罩键"视频效果，其参数选项如图 11-38 所示。在"效果控件"面板中，"轨道遮罩键"选项组内的各个选项功能如下。

图 11-38　轨道遮罩键的效果控制选项

▷　遮罩：该选项用于设置遮罩素材的位置。在本例中，应该将其设置为"视频 3"选项。

▷　合成方式：用于确定遮罩素材将以怎样的方式来影响目标素材（在本例中为"视频 2"轨道内的素材）。当"合成方式"选项为"Alpha 遮罩"选项时，Premiere 将利用遮罩素材内的 Alpha 通道来隐藏目标素材；而当"合成方式"选项为"亮度遮罩"选项时，Premiere 则会使用遮罩素材本身的视频画面来控制目标素材内容的显示与隐藏。

▷　反向：用于反转遮罩内的黑、白像素，从而显示原本透明的区域，并隐藏原本能够显示的内容。

在对轨道遮罩键视频效果有了一定认识后，我们将"遮罩"选项设置为"视频3"选项，"合成方式"设置为"亮度遮罩"选项，其应用效果如图11-39所示。

图 11-39 "轨道遮罩键"视频效果应用效果

11.4 颜色类遮罩效果

在 Premiere 中，最常用的遮罩方式是根据颜色来进行隐藏或者显示局部画面的。在拍摄视频时，特别是用于后期合成的视频，通常情况下其背景是蓝色或者绿色的布景，以方便后期的合成。而"键控"效果组中，准备了用于颜色遮罩的效果。

11.4.1 非红色键

"非红色键"视频效果的作用是同时去除除视频画面内的蓝色和绿色背景，在广播电视制作领域内通常用于广播员与视频画面的拼合。

当为素材添加"非红色键"视频效果后，即可同时隐藏画面中的蓝色和绿色区域。但是并不是完全隐藏，如图 11-40 所示。

图 11-40 非红色键视频效果应用效果

在"效果控件"面板中，蓝屏键视频效果的选项面板如图11-41所示。在该面板中，各个选项的作用如下。

▷ 阈值：当向左拖曳滑块，则能够去掉画面内更多的蓝色和绿色，如图11-42所示。

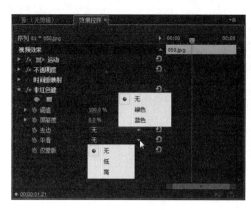

图 11-41　非红色键效果选项　　　　　　图 11-42　设置"阈值"参数

▷　屏蔽度：增大该选项的参数值会使画面内的阴影区域变黑，而减小其参数值则会照亮阴影区域，如图 11-43 所示。不过需要指出的是，如果该选项的取值超出了"阈值"选项所设置的范围，则 Premiere 将会颠倒灰色与透明区域的范围。

▷　去边：该选项用于去除接近蓝色或绿色的图像。该选项包含 3 个子选项，分别为无、绿色与蓝色。

▷　平滑：该选项用于调整蓝屏键效果在消除锯齿时的能力，其原理是混合像素颜色，从而构成平滑的边缘。在"平滑"选项所包含的 3 种设置中，"高"的平滑效果最好；"低"的平滑效果略差；而"无"则是不进行平滑操作。

▷　仅蒙版：用于确定是否将效果应用于视频素材的 Alpha 通道，如图 11-44 所示。

图 11-43　设置"屏蔽度"参数　　　　　　图 11-44　启用"仅蒙版"选项

提示

由于"非红色键"特效没有更为精细的设置选项，所以在应用该效果时需要是主体与背景颜色完全区分的画面。

11.4.2 课堂练一练：通过颜色键进行合成

颜色键视频效果的作用是抠取屏幕画面内的指定色彩，因此多用于画面内包含大量色调相同或相近色彩的情况。如图 11-45 所示为通过颜色键将单调的蓝色天空隐藏，与另外一幅蓝天白云图像合成的效果。

图 11-45　合成效果

步骤 01 在"项目"面板的空白区域双击，从光盘中导入已经准备好的图像文件 130.jpg 和 425.jpg，如图 11-46 所示。

步骤 02 右击"项目"面板中的 425.jpg 素材文件，在打开的快捷菜单中，选择"从剪辑新建序列"选项，如图 11-47 所示。

图 11-46　导入素材

图 11-47　新建序列

步骤 03 选择"从剪辑新建序列"选项后，"时间轴"面板中自动新建序列并插入图像素材，如图 11-48 所示。

步骤 04 当素材自动插入序列后，查看"节目"监视器面板，发现画面尺寸是按照素材尺寸建立的，如图 11-49 所示。

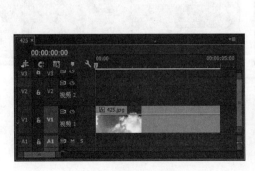

图 11-48　自动插入素材

图 11-49　查看画面效果

步骤 05 继续将"项目"面板中的 130.jpg 素材，插入"时间轴"面板的 V2 轨道中，使两个素材画面重叠，如图 11-50 所示。

步骤 06 在"效果"面板中，找到"视频效果"|"键控"|"颜色键"选项，并将其选中，如图 11-51 所示。

图 11-50　插入素材至 V2 轨道中　　　　　　　　图 11-51　选中"颜色键"选项

步骤 07 将"颜色键"选项拖至"时间轴"面板 V2 轨道的图像上，释放鼠标后添加该效果，如图 11-52 所示。

步骤 08 此时"效果控件"面板中显示"亮度键"效果选项，而"节目"监视器面板中的画面并没有明显的变化，如图 11-53 所示。

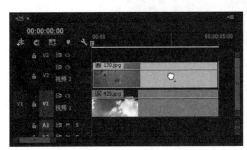

图 11-52　添加"颜色键"效果　　　　　　　　图 11-53　查看"颜色键"选项组

步骤 09 单击"主要颜色"色块右侧的"吸管工具"，然后在"节目"监视器面板中，单击蓝色天空区域，确定要隐藏的颜色，如图 11-54 所示。

步骤 10 在"效果控件"面板中，单击并向右拖曳"颜色容差"参数值，使其数值逐渐增大，直至蓝色天空完全隐藏，如图 11-55 所示。

图 11-54　设置颜色　　　　　　　　图 11-55　设置"颜色容差"选项

指点迷津

颜色容差：该选项用于扩展所抠除色彩的范围，根据其选项参数的不同，部分与"主要颜色"选项相似的色彩也将被抠除。

边缘细化：该选项能够在图像色彩抠取结果的基础上，扩大或减小"主要颜色"所设定颜色的抠取范围。例如，当该参数的取值为负值时，Premiere 将会减小根据"主要颜色"选项所设定的图像抠取范围；反之，则会进一步增大图像抠取范围。

羽化边缘：对抠取后的图像进行边缘羽化操作，其参数取值越大，羽化效果越明显。

步骤 11 至此遮罩操作完成，两个素材合成为一个画面效果。按快捷键 Ctrl+S 保存该项目后，即可在"节目"监视器面板中查看效果，如图 11-56 所示。

图 11-56　合成效果

11.5　实战应用：制作望远镜画面效果

在影视作品中，往往会应用很多通过望远镜或其他类似设备进行观察，从而模拟第一人称视角的拍摄手法。事实上，这些效果大都是通过后期制作时的特殊处理来完成的，接下来本例所要做的便是模拟望远镜的画面效果，如图 11-57 所示。

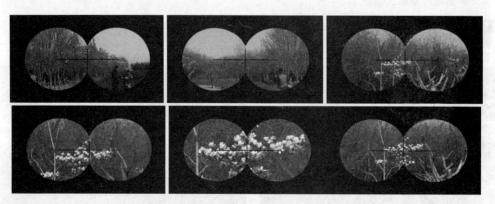

图 11-57　望远镜效果

步骤 01 启动 Premiere，在"新建项目"对话框中单击"浏览"按钮，选择文件的保存位置。在"名称"栏中输入"制作望远镜画面效果"文本，单击"确定"按钮，即可创建新项目，如图 11-58 所示。

步骤 02 在"项目"面板的空白区域双击，从光盘中导入已经准备好的文件 00094.mp4 和"望远镜遮罩.psd"，如图 11-59 所示。

图 11-58　创建项目

图 11-59　导入素材

步骤 03 单击"项目"面板底部的"新建项"按钮，选择"序列"选项。直接在"新建序列"对话框中单击"确定"按钮，即可创建空白序列，如图 11-60 所示。

提示

在创建序列时，其屏幕比例是根据准备视频素材的显示比例进行设置的。由于这里准备的视频素材为宽银幕效果，所以选择的是"宽银幕 48kHz"选项。

步骤 04 双击"项目"面板中的 00094.mp4 素材，在"源"监视器面板中将其打开。确定"当前时间指示器"在 00:00:10:13 位置，单击"标记入点"按钮建立入点，如图 11-61 所示。

图 11-60　新建序列

图 11-61　建立入点

步骤 05 拖曳"当前时间指示器"至 00:00:22:06 位置，单击"标记出点"按钮建立出点，如图 11-62 所示。

步骤 06 单击"插入"按钮，即可将入点与出点之间的视频插入"时间轴"面板的 V1 轨道中，如图 11-63 所示。

图 11-62 建立出点

图 11-63 插入视频

步骤 07 选中该视频剪辑，在"效果控件"面板中，设置"缩放"选项参数值为 55.0，使视频画面尽量显示在"节目"监视器面板中，如图 11-64 所示。

步骤 08 将素材"望远镜遮罩.psd"拖至 V2 轨道中，并将其持续时间调整为与 00094.mp4 素材相同，如图 11-65 所示。

图 11-64 缩小尺寸

图 11-65 插入图像素材

步骤 09 选中"时间轴"面板内的图像素材后，在"效果控件"面板中设置"缩放"选项参数值为 174.7，使其与"节目"监视器画面相符，如图 11-66 所示。

步骤 10 选中"时间轴"面板中的视频片段 00094.mp4，双击"效果"|"视频效果"|"键控"|"轨道遮罩键"效果，将其添加至该视频中，如图 11-67 所示。

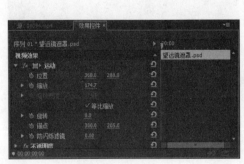

图 11-66 放大尺寸

图 11-67 添加"轨道遮罩键"效果

步骤 11 在"效果控件"面板中，设置"轨道遮罩键"效果中的"遮罩"选项为"视频 2"，"合成方式"为"亮度遮罩"，形成望远镜画面效果，如图 11-68 所示。

步骤 12 至此遮罩操作完成，两个素材合成一个画面效果。按快捷键 Ctrl+S 保存该项目后，即可在"节目"监视器面板中查看效果，如图 11-69 所示。

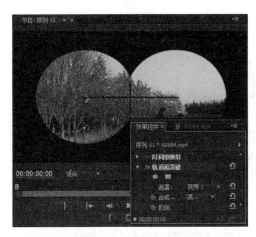

图 11-68　设置遮罩选项

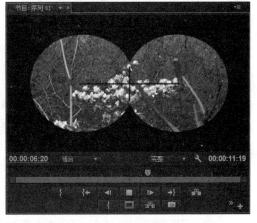

图 11-69　查看效果

11.6　习题测试

1．填空题

（1）Premiere 中最为简单的素材合成方式是降低素材 ＿＿＿＿＿＿，从而使当前素材的画面与其下方素材的图像融合在一起。

（2）所谓"Alpha 通道"，是指图像额外的 ＿＿＿＿＿＿，其功能用于定义图形或者字幕的透明区域。

2．操作题

要将两个视频同时显示，必须将这两个视频放置在同一个时间段内，但是上方视频会覆盖下方视频。此时可以通过"键控"效果组中的效果，将上方视频局部隐藏，从而显示出下方视频。而遮罩效果则需要根据上方视频颜色或明暗关系等因素，来决定效果的添加。这里的上方视频画面包括黑色与亮色调，如图 11-70 所示。

针对黑色与亮色的视频画面，将"键控"效果中的"亮度键"效果添加至上方视频中，即可得到合成效果，如图 11-71 所示。

图 11-70　导入并插入视频

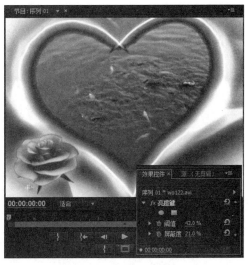

图 11-71　合成视频效果

此时，单击"节目"监视器面板中的"播放 - 停止播放"按钮，即可查看合成视频播放效果，如图 11-72 所示。

图 11-72　合成视频播放效果

11.7　本课小结

在 Premiere 中，遮罩是一种只包含黑、白、灰 3 种不同色调的图像元素，其功能是能够根据自身灰阶的不同，有选择地隐藏目标素材画面中的部分内容。例如，在多个素材重叠的情况下，为上一层的素材添加遮罩后，便可将两者融合在一起。至此，关于视频画面的剪辑功能已经全部介绍完毕。

第 12 课　音频混合特效

音频混合特效

在所有的画面剪辑功能都掌握之后，就能够为视频添加音频效果了。在本课中，不仅可以在多个音频素材之间添加过渡效果，还可以根据需要为音频素材添加音频滤镜，从而改变原始素材的声音效果，使视频画面和声音效果能够更紧密地结合。

技术要点：

◆ 编辑音频素材
◆ 音频转换
◆ 音频过渡
◆ 音频效果
◆ 音频轨道混合器
◆ 音频剪辑混合器
◆ 混音技巧

12.1 Premiere Pro 与音频混合基础

音频，就是正常人耳能听到的，相应于正弦声波的任何频率，具有声音的画面更有感染力。在制作影片的过程中，声音素材的好坏将直接影响到节目的质量，所以编辑音频素材在 Premiere 的后期制作中非常重要。

12.1.1 音频概述

人类能够听到的所有声音都可以被称为"音频"，如话语声、歌声、乐器声和噪声等，但由于类型的不同，这些声响都具有一些与其他类音频不同的特性。

声音通过物体振动所产生，正在发声的物体被称为"声源"。由声源振动空气所产生的疏密波在进入人耳后，会通过振动耳膜产生刺激信号，并由此形成听觉感受，这便是人们"听"到声音的整个过程。

1. 不同类型的声音

声源在发出声音时的振动速度称为"声音频率"，以 Hz 为单位进行测量。通常情况下，人类能够听到的声音频率在 20Hz ～ 20kHz 的范围之内。按照内容、频率范围和时间领域的不同，可以将声音大致分为以下几种类型。

▷ 自然音：自然音是指大自然的声音，如流水声、雷鸣声或风的声音等。

▷ 纯音：当声音只由一种频率的声波所组成时，声源所发出的声音便称为"纯音"。例如，音叉所发出的声音便是纯音。

▷ 复合音：复合音是由基音和泛音结合在一起形成的声音，即由多个不同频率声波构成的组合频率。复合音的产生原因是声源物体在进行整体振动的同时，其内部的组合部分也在振动而形成的。

▷ 和谐音：和谐音由两个单独的纯音组合而成，但它与基音存在整比的关系。例如，当按下钢琴相差 8 度的音符时，二者听起来犹如一个音符，因此被称为"和谐音"；若按下相邻 2 度的音符，则由于听起来不融合，因此会被称为"不和谐音"。

▷ 噪声：噪声是一种会引起人们烦躁或危害人体健康的声音，其主要来源于交通运输、车辆鸣笛、工业噪声、建筑施工噪声等。

▷ 超声波与次声波：频率低于 20Hz 的音波信号称为"次声波"，而当音波的频率高于 20kHz 时，则被称为"超声波"。

2. 声音的三要素

在日常生活中我们会发现，轻轻敲击钢琴键与重击钢琴键时感受到的音量大小会有所不同；敲击不同钢琴键时产生的声音不同；甚至钢琴与小提琴在演奏相同音符时的表现也会有所差别。根据这些差异，人们从听觉心理上为声音归纳出响度、音高与音色这 3 种不同的属性。

▷ 响度：又称"声强"或"音量"，用于表示声音能量的强弱程度，主要取决于声波振幅的大小，振幅越大响度越大。声音的响度采用"声压"或"声强"来计量，单位为"帕"（Pa），与基准声压比值的对数值称为"声压级"，单位为"分贝"（dB）。

▷ 响度是听觉的基础，正常人听觉的强度范围在 0dB ～ 140dB，当声音的频率超出人耳可听频率范围时，其响度为 0。

▷ 音高：音高也称为"音调"，表示人耳对声音高低的主观感受。音调由频率决定，频率越高音调越高。一般情况下，较大物体振动时的音调较低，较小物体振动时的音调较高。

▷ 音色：音色也称为"音品"，音色的不同取决于不同的泛音。举例来说，当人们在听到声音时，通常都能够立刻辨别出是哪种类型的声音，其原因便在于不同声源在振动发声时产生的音色不同，因此会为人们带来不同的听觉印象。

提示

音色由发声物体本身的材料、结构决定。

12.1.2 音频信号的数字化处理技术

随着科学技术的发展，无论是广播电视、电影、音像公司、唱片公司，还是个人录音棚，都在使用数字化技术处理音频信号。数字化正成为一种趋势，而数字化的音频处理技术也将拥有广阔的前景。

1. 数字音频技术概述

所谓"数字音频"是指把声音信号数字化，并在数字状态下进行传送、记录、重放，以及加工处理的一整套技术。与之对应的是，将声音信号在模拟状态下进行加工处理的技术称为"模拟音频技术"。

模拟音频信号的声波振幅具有随时间连续变化的性质，音频数字化的原理就是将这种模拟信号按一定时间间隔取值，并将取值按照二进制编码表示，从而将连续的模拟信号变换为离散的数字信号的操作过程。

与模拟音频相比，数字音频拥有较低的失真率和较高的信噪比，能经受多次复制与处理而不会明显降低质量。在多声道音频领域中，数字音频还能够消除通道间的相位差。不过，由于数字音频的数字量较大，因此会提高存储与传输数据时的成本和复杂性。

2. 数字音频技术的应用

由于数字音频在存储和传输方面拥有很多模拟音频无法比拟的技术优越性，因此数字音频技术已经广泛地应用于如今的音频制作过程。

■ 数字录音机

数字录音机采用了数字化方式记录音频信号，因此能够实现很高的动态范围和极好的频率响应，抖晃率也低于可测量的极限。与模拟录音机相比，剪辑功能也有极大的增强与提高，还可以实现自动编辑。

■ 数字音轨混合器

数字音轨混合器除了具有 A/D 和 D/A 转换器外，还具有 DSP 处理器。在使用及控制方面，音轨混合器附设有计算机磁盘记录、电视监视器，以及各种控制器的调校程序、位置、电平、声源记录分组等均具有自动化功能，包括推拉电位器运动、均衡器、滤波器、压限器、输入、输出、辅助编组等，均由计算机控制。

■ 数字音频工作站

数字音频工作站，是一种计算机多媒体技术应用到数字音频领域后的产物，它包括了许多音频制作功能。多轨数字记录系统可以进行音乐节目录音、补录、搬轨及并轨，用户可以根据需要对轨道进行扩充，从而能够更方便地进行音频、视频同步编辑等后期制作。

12.2 音频添加与处理

所谓"音频素材"，是指能够持续一段时间，含有各种乐器音响效果的声音。在制作影片的过程中，声音素材的好坏将直接影响影视节目的质量。虽然拍摄的视频中自带音频效果，但是经过处理的，或者是添加音乐音频，会使视频整体效果更加完美。

12.2.1 添加音频

在 Premiere 中添加音频素材的方法与添加视频素材的方法基本相同，同样是通过在菜单或"项目"面板来完成的。

▷ 利用"项目"面板添加音频素材：在"项目"面板中，既可以利用右键菜单添加音频素材，也可以使用鼠标拖曳的方式添加音频素材。

▷ 若要利用右键菜单，可以在"项目"面板中右击要添加的音频素材，执行"插入"命令，即可将相应素材添加到音频轨中，如图 12-1 所示。

图 12-1　利用右键菜单添加音频素材

提示

在使用右键菜单添加音频素材时，需要先在"时间轴"面板中激活要添加素材的音频轨道。被激活的音频轨道将以白色显示在"时间轴"面板中。如果在"时间轴"面板中没有激活相应的音频轨道，在"项目"菜单中的"插入"选项将被禁用。

▷ 若要利用鼠标拖曳的方式添加音频素材，则只需在"项目"面板内选择音频素材后，将其拖至相应音频轨道即可，如图 12-2 所示。

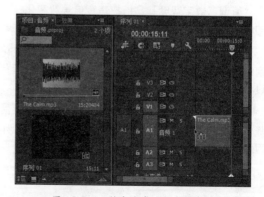

图 12-2　以拖曳方式添加音频素材

▷ 利用菜单添加音频素材：若要利用菜单添加音频素材，需要先激活要添加音频素材的音频轨，并在"项目"面板中选择要添加的音频素材后，进入"素材"菜单选择"插入"命令。

12.2.2 在时间轴中编辑音频

源音频素材可能无法满足用户在制作视频时的需求，Premiere 提供了强大的视频编辑功能的同时，还可以处理音频素材，在"时间轴"面板中即可简单地编辑音频。

1. 使用音频单位

对于视频来说，视频帧是其标准的测量单位，通过视频帧可以精确地设置入点或者出点。然而在 Premiere 中，音频素材应该使用毫秒或音频采样率来作为显示单位。

若要查看音频的单位及音频素材的声波图形，应该先将音频素材或带有声音的视频素材添加至"时间轴"面板内。默认情况下，时间轴中的音频素材是显示音频波形与音频名称的。要想控制音频素材的名称与波形显示与否，只需要单击"时间轴"面板中的"时间轴显示设置"按钮，在弹出的菜单中单击"显示音频波形"与"音频名称"选项，即可隐藏音频波形与音频名称，如图 12-3 所示。

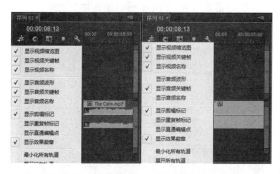

图 12-3 音频波形与音频名称的显示与否

若要显示音频单位，只需在"时间轴"面板内单击"面板菜单"按钮后，选择"显示音频时间单位"命令，即可在时间标尺上显示相应的时间单位，如图 12-4 所示。

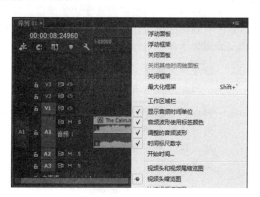

图 12-4 显示音频单位

默认情况下，Premiere 项目文件会采用音频采样率作为音频素材单位，用户可以根据需要将其修改为"毫秒"。操作时，执行"文件"|"项目设置"|"常规"命令，在弹出的"项目设置"对话框中，单击"音频"栏中的"显示格式"下拉按钮，选择"毫秒"选项即可，如图 12-5 所示。

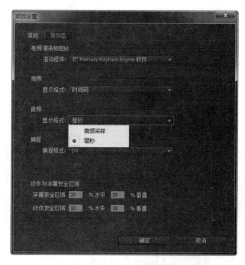

图 12-5 更改音频单位

2. 调整音频素材的持续时间

音频素材的持续时间是指音频素材的播放长度，用户可以通过设置音频素材的入点和出点来调整其持续时间。除此之外，Premiere 还允许用户通过更改素材长度和播放速度的方式来调整其持续时间。

若要通过更改其长度来调整音频素材的持续时间，可以在"时间轴"面板中，将鼠标置于音频素材的末尾，当光标变成 ⬅ 形状时，拖曳鼠标即可更改其长度，如图 12-6 所示。

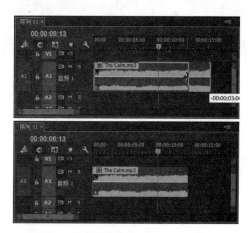

图 12-6 利用鼠标调整音频素材的持续时间

提示

在调整素材长度时，向左拖曳鼠标则持续时间变短，向右拖曳鼠标则持续时间变长。但是当音频素材处于最长持续时间状态时，将不能通过向外拖曳鼠标的方式来延长其持续时间。

使用鼠标拖曳来延长或者缩短音频素材持续时间的方式，会影响到音频素材的完整性。因此，若要在保证音频内容完整的前提下更改持续时间，则必须通过调整播放速度的方式来实现。

操作时，应该在"时间轴"面板内右击相应音频素材，并选择"速度/持续时间"命令，如图12-7所示。

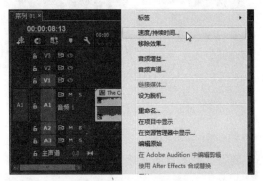

图 12-7 选择"速度/持续时间"命令

在弹出的"素材速度/持续时间"对话框内调整"速度"选项，即可改变音频素材"持续时间"的长度，如图12-8所示。

图 12-8 调整速度

提示

在"素材速度/持续时间"对话框中，可以直接更改"持续时间"选项，从而精确控制素材的播放长度。

3. 快速编辑音频

在 Premiere Pro CC 中，为"时间轴"面板中的轨道添加了自定义轨道头。通过自定义音频头，能

够为音频轨道添加编辑与控制音频的功能按钮。通过这些功能按钮，能够快速控制与编辑音频素材。

单击"时间轴"面板中的"时间轴显示设置"按钮，选择"自定义音频头"选项，在打开的"按钮编辑器"面板中，将音频轨道中没有或者需要的功能按钮拖入轨道头中，如图12-9所示。

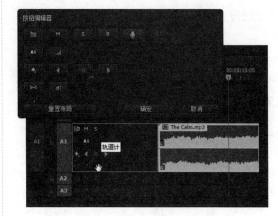

图 12-9 按钮编辑器

单击"确定"按钮后，关闭"按钮编辑器"面板，添加的功能按钮显示在音频轨道头中，如图12-10所示。

图 12-10 添加的功能按钮

音频轨道中的功能按钮操作起来非常简单，在播放音频的过程中，只要单击某个功能按钮，即可在音频中听到相应的变化。其中，每个功能按钮的名称及作用如下。

▷ 静音轨道 **M**：单击该按钮，相对应轨道中的音频将无法播放。

▷ 独奏轨道 **S**：当两个或两个以上的轨道同时播放音频时，单击其中一个轨道中的该按钮，即可禁止播放除该轨道以外的轨道中的音频。

▷ 启用轨道以进行录制 ■：单击该按钮，能够启用相应的轨道进行录音。如果无法进行录音，只要执行"编辑"¦"首选项"¦"音频硬件"命令，在弹出的"首选项"对话框中单击"ASIO 设置"按钮，弹出"音频硬件设置"对话框。在"输入"选项卡中，启用"麦克风"选项，连续单击"确定"按钮，即可开始录音。

▷ 轨道音量 ■：添加该按钮后以数字形式显示在轨道头。直接输入或者单击并向左右拖曳鼠标，即可降低或提高音频音量。

▷ 左/右平衡 ■：添加该按钮后以圆形滑轮形式显示在轨道头。单击并向左右拖曳鼠标，即可控制左右声道音量的大小。

▷ 轨道计 ■：音频轨道头提供了一个水平音频计。

▷ 轨道名称 ■：添加该按钮后，显示轨道名称。

▷ 显示关键帧 ■：该按钮用来显示添加的关键帧，单击该按钮可以选择"剪辑关键帧"或者"轨道关键帧"选项。

▷ 添加 - 移除关键帧 ■：单击该按钮可以在轨道中添加关键帧。

▷ 转到上一关键帧 ■：当轨道中添加两个或两个以上关键帧时，可以通过单击该按钮选择上一个关键帧。

▷ 转到下一关键帧 ■：当轨道中添加两个或两个以上关键帧时，可以通过单击该按钮选择下一个关键帧。

▷ 画外音录制 ■：单击该按钮就可以开始录制声音，该功能与"音轨混合器"面板中的"录制"按钮功能相同。

12.2.3 在效果控件中编辑音频

除了能够在"时间轴"面板中快速编辑音频外，某些音频的效果还可以在"效果控件"面板中进行精确设置。

当选中"时间轴"面板中的音频素材后，在"效果控件"面板中将显示"音量"、"声道音量"，以及"声像器"三个选项组，如图 12-11 所示。

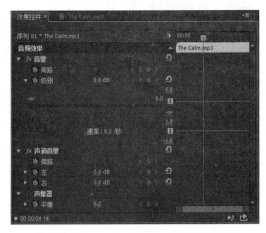

图 12-11 "效果控件"面板中的音频选项

1. 音量

"音量"选项组中包括"旁路"与"级别"选项，其中，"旁路"选项是用于指定是应用还是绕过合唱效果的关键帧选项；"级别"选项则是用来控制总体音量的高低。

在"级别"选项中，除了能够设置总体音量的高低，还能够为其添加关键帧，从而使音频素材在播放时的音量能够时高时低。默认情况下该选项的"切换动画"按钮已经被启用，只要设置选项参数即可创建第一个关键帧，如图 12-12 所示。

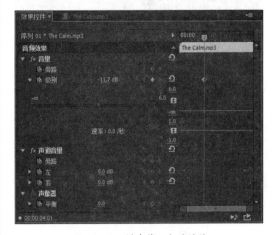

图 12-12 创建第一个关键帧

拖曳"当前时间指示器"改变其位置，单击该选项右侧的"添加 / 移除关键帧"按钮，添加第二个关键帧，如图 12-13 所示。

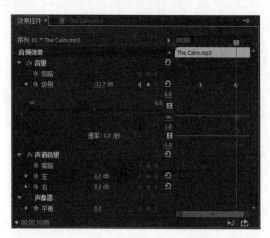

图 12-13　添加第二个关键帧

按照上述方法，单击"添加 / 移除关键帧"按钮创建多个关键帧后，通过单击"转到上一关键帧"按钮或者"转到下一关键帧"按钮，输入数字或者直接拖曳滑块设置相应关键帧位置的音量，如图 12-14 所示。

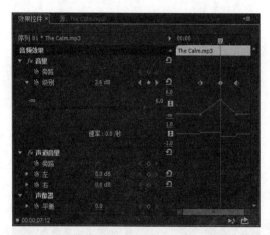

图 12-14　设置关键帧参数

技巧

在"效果控件"面板中，除了能够通过设置参数值与拖曳滑块来设置音频音量外，还能够直接拖曳关键帧相对应的点来控制音量的高低。

2．声道音量

"声道音量"选项组中的选项是用来设置音频素材左右声道的音量，在该选项组中既可以同时设置左右声道的音量，还可以分别设置左右声道的音量。其设置方法与"音量"选项组中的方法相同，如图 12-15 所示。

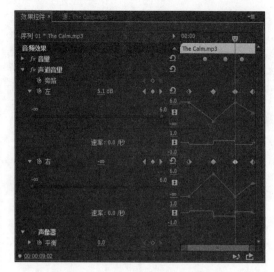

图 12-15　分别设置左右声道的音量

3．声像器

"效果控件"面板中的"声像器"选项用来设置音频的立体声声道，使用"音量"选项创建关键帧的方法创建多个关键帧，通过拖曳关键帧下方相对应的点，同时还可以通过拖曳改变点与点之间线的弧度，控制声音变化的缓急程度，改变音频轨道中音频的立体声效果，如图 12-16 所示。

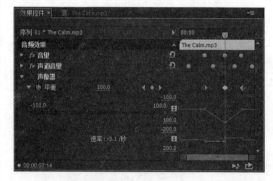

图 12-16　设置声像器

12.2.4　声道映射

声道是指录制或者播放音频素材时，在不同空间位置采集或回放相互独立的音频信号。在 Premiere 中，不同的音频素材具有不同的音频声道，如左右声道、立体声道和单声道等。

1．源声道映射

在编辑影片的过程中，经常会遇到例如卡拉 OK 等双声道或多声道的音频素材。此时，如果只需要使用其中一个声道中的声音，则应该利用 Premiere 中的源声道映射功能，对音频素材中的声道进行转换。

在执行源声道映射操作时，需要先将待处理的音频素材导入 Premiere 项目内。在"素材源"面板中，我们可以查看到相应音频素材的声道情况，如图 12-17 所示。

图 12-17　原始的音频素材

接下来，在"项目"面板内选择素材文件后，执行"剪辑"｜"修改"｜"音频声道"命令。在弹出的"修改剪辑"对话框中，上半部分显示了音频素材的所有轨道格式，而下半部分则列出了当前音频素材具有的源声道模式，如图 12-18 所示。

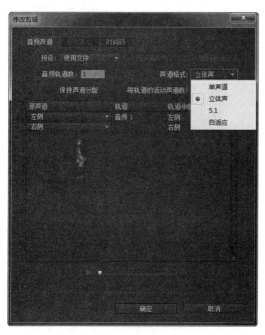

图 12-18　"修改剪辑"对话框

在"修改剪辑"对话框中，选择"左声道"栏下拉列表中的"无"，即可"关闭"音频素材左声道，从而使音频素材仅留右声道中的声音，如图 12-19 所示。

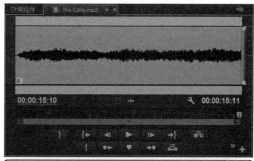

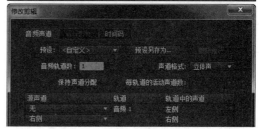

图 12-19　修改音频声道效果

2. 拆分为单声道

Premiere 除了具备修改素材声道的功能外，还可以将音频素材中的各个声道分离为单独的音频素材。也就是说，能够将一个多声道的音频素材分离为多个单声道的音频素材。

进行此类操作时，只需在"项目"面板内选择音频素材后，执行"剪辑"｜"音频选项"｜"拆分为单声道"命令，即可将原始素材分离为多个不同声道的音频素材，如图 12-20 所示。

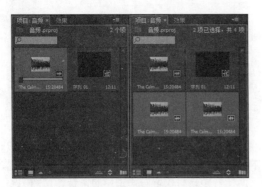

图 12-20 拆分为单声道

此时，即可在"素材源"面板内分别预览分离后的单声道音频素材，如图 12-21 所示。

图 12-21 分离后的音频素材

3. 提取音频

在编辑某些影视节目时，可能只是需要某段视频素材中的音频部分，此时便需要将素材中的音频部分提取为独立的音频素材。方法是在"项目"面板内选择相应的视频素材后，执行"剪辑"¦"音频选项"¦"提取音频"命令。稍等片刻后，Premiere 便会利用提取出的音频部分生成独立的音频素材文件，并将其自动添加至"项目"面板内，如图 12-22 所示。

图 12-22 提取音频

12.2.5 增益、淡化和均衡

在 Premiere 中，音频素材内音频信号的声调高低称为"增益"，而音频素材内各声道间的平衡状况被称为"均衡"。接下来，本节将介绍调整音频增益，以及调整音频素材均衡状态的操作方法。

1. 调整增益

制作影视节目时，整部影片内往往会使用多个音频素材。此时，便需要对各个音频素材的增益进行调整，以免部分音频素材出现声调过高或过低的情况，最终影响整个影片的效果。

调节音频素材增益时，可以在"项目"或"时间轴"面板内选择音频素材后，执行"剪辑"¦"音频选项"¦"音频增益"命令。在弹出的"音频增益"对话框中，启用"将增益设置为"选项后，即可直接在其右侧文本框内设置增益数值，如图 12-23 所示。

图 12-23 "音频增益"对话框

提示

当设置的参数大于 0dB 时，表示增大音频素材的增益；当其参数小于 0dB 时，则为降低音频素材的增益。

2．均衡立体声

利用 Premiere 中的"钢笔工具"，用户可以直接在"时间轴"面板上为音频素材添加关键帧，并调整关键帧位置上的音量大小，从而达到均衡立体声的目的。

首先，在"时间轴"面板内添加音频素材，并在音频轨内展开音频素材后，右击音频素材，选择"显示剪辑关键帧"｜"声像器"｜"平衡"命令，即可将"时间轴"面板中的关键帧控制模式切换至"平衡"音频效果方式，如图 12-24 所示。

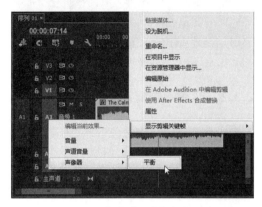

图 12-24　切换"平衡"音频效果

单击相应音频轨道中的"添加 - 移除关键帧"按钮，并使用工具栏中的"钢笔工具"调整关键帧调节线，即可调整立体声的均衡效果，如图 12-25 所示。

图 12-25　均衡立体声

提示

使用工具栏中的"选择工具"，也可以调整关键帧的调节线。

3．淡化声音

在影视节目中，对背景音乐最为常见的一种处理效果是随着影片的播放，背景音乐的声音逐渐减小，直至消失。这种效果称为"声音的淡化处理"，可以通过调整关键帧的方式来制作。

若要实现音频素材的淡化效果，至少应该为音频素材添加两处音量关键帧，一处位于声音开始淡化的起始阶段；另一处位于淡化效果的末尾阶段，如图 12-26 所示。

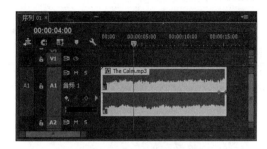

图 12-26　为淡化声音添加音量关键帧

在工具栏内选择"钢笔工具"，并使用"钢笔工具"降低淡化效果末尾关键帧的增益，即可实现相应音频素材的逐渐淡化至消失的效果，如图 12-27 所示。

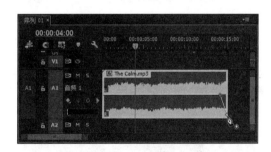

图 12-27　调整音量关键帧

在实际编辑音频素材的过程中，如果对两段音频素材分别应用音量逐渐降低和音量逐渐增大的设置，则能够创建出两段音频素材交叉淡出与淡入的效果，如图 12-28 所示。

图 12-28　交叉淡出与淡入

12.3 音频过渡与音频效果

在制作影片的过程中，为音频素材添加音频过渡效果或音频效果，能够使音频素材之间的连接更为自然、融洽，从而提高影片的整体质量，也可以快速利用Premiere内置的音频效果制作出想要的音频效果。

12.3.1 音频过渡概述

与视频切换效果相同，音频过渡也放在"效果"面板中。在"效果"面板内依次展开"音频过渡"|"交叉淡化"选项后，即可显示Premiere内置的3种音频过渡效果，如图12-29所示。

图 12-29 音频过渡

"交叉淡化"文件夹内的不同音频过渡可以实现不同的音频处理效果。若要为音频素材应用过渡效果，只需先将音频素材添加至"时间轴"面板后，将相应的音频过渡效果拖曳至音频素材的开始或末尾位置即可，如图12-30所示。

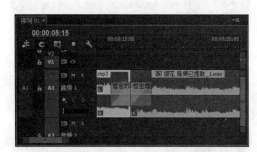

图 12-30 添加"音频过渡"效果

指点迷津

"恒定功率"音频过渡可以使音频素材以逐渐减弱的方式过渡到下一个音频素材；"恒定增益"能够让音频素材以逐渐增强的方式进行过渡。

默认情况下，所有音频过渡的持续时间均为1秒。不过，当在"时间轴"面板内选择某个音频过渡，如图12-31所示。在"效果控件"面板中，可以在"持续时间"右侧选项内设置音频的播放长度。

图 12-31 设置"持续时间"选项

12.3.2 音频效果概述

尽管Premiere并不是专门用于处理音频素材的工具，但仍旧为音频这一现代电影中不可或缺的重要部分提供了大量音频效果滤镜。利用这些滤镜，用户可以非常方便地为影片添加混响、延时、反射等声音特技。

1. 添加音频效果

虽然Premiere将音频素材根据声道数量划分为不同的类型，但是在"效果"面板内的"音频效果"文件夹中，则没有进行分类，而是将所有音频效果罗列在一起，如图12-32所示。

图 12-32 音频效果

就添加方法来说，添加音频效果的方法与添加视频效果的方法相同，用户即可通过"时间轴"面板来完成，也可以通过"效果控件"面板来完成。

2. 相同的音频效果

尽管 Premiere 音频效果被统一放置在一起，但是由于声道类型的不同，有些音频效果适用于所有类型的声道，而有些音频效果只特定用于某个类型声道。下面这些音频效果则适用于所有类型的声道。

■ 多功能延迟

该音频效果能够对音频素材播放时的延迟进行更高层次的控制，对于在电子音乐内产生同步、重复的回声效果非常有用，如图 12-33 所示为该效果的参数控制面板。

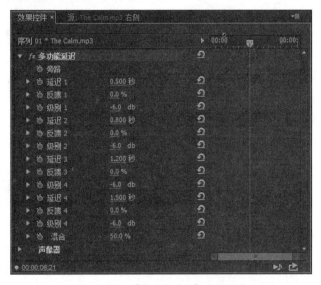

图 12-33 "多功能延迟"音频效果

在"效果控件"面板中，"多功能延迟"音频效果的参数名称及其作用如表 12-1 所示。

表 12-1 "多功能延迟"音频效果参数介绍

名称	作用
延迟	该音频效果含有 4 个"延迟"选项，用于设置原始音频素材的延时时间，最大的延时为 2 秒。
反馈	该选项用于设置有多少延时音频反馈到原始声音中。
级别	该选项用于设置每个回声的音量大小。
混合	该选项用于设置各回声之间的融合状况。

■ EQ（均衡器）

该音频效果用于实现参数平衡效果，可以对音频素材中的声音频率、波段和多重波段均衡等内容进行控制。设置时，用户可以通过图形控制器或直接更改参数的方式进行调整，如图 12-34 所示。

当使用图形控制器调整音频素材在各波段的频率时，只需在"效果控件"面板内分别勾选 EQ 选项组内的 Low、Mid 和 High 复选框后，利用鼠标拖曳相应的控制点即可，如图 12-35 所示。在 EQ 选项组中，部分重要参数的功能与作用如表 12-2 所示。

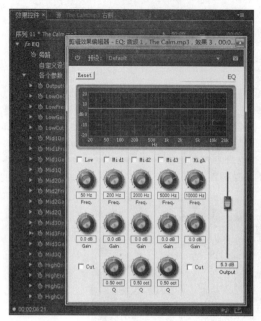

图 12-34　EQ 音频效果参数

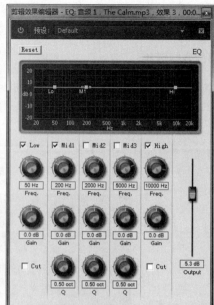

图 12-35　利用图形控制器调整波段参数

表 12-2　部分 EQ 音频效果参数介绍

名称	作用
Low、Mid 和 High	用于显示或隐藏自定义滤波器
Gian	该选项用于设置常量之上的频率值
Cut	启用该复选框，即可设置从滤波器中过滤掉的高低波段
Frequency	该选项用于设置波段增大和减小的次数
Q	该选项用于设置各滤波器波段的宽度
Output	用于补偿过滤效果之后造成频率波段的增加或减少

■　低通

低通音频效果的作用是去除高于指定频率的声波。该音频效果仅有"屏蔽度"一项参数，作用在于指定可以通过声音的最高频率。

■　低音

顾名思义，"低音"音频效果的作用便是调整音频素材中的低音部分，其中的"放大"选项是对声音的低音部分进行提升或降低，取值范围为 -24 ～ 24。

高手支招

当"放大"选项的参数为正值时，表示提升低音；负值则表示降低低音。与"低音"音频效果相对应的是，"高音"音频效果用于提升或降低音频素材内的高音频率。

■　Reverb（混响）

Reverb 音频效果用于模拟在室内播放音乐时的效果，从而能够为原始音频素材添加环境音效。通俗来讲，Reverb 音频效果能够添加家庭环绕式立体声效果，如图 12-36 所示为该音频效果的参数面板。

在"效果控件"面板中，可以通过拖曳图形控制器中的控制点，或通过直接设置选项栏中的具体参数来调整房间大小、混音、衰减、漫射，以及音色等内容，如图 12-37 所示。

图 12-36　混响音频效果　　　　　　　图 12-37　设置混响效果参数

■ 延迟

　　该效果用来设置原始音频和回声之间的时间间隔声道的高音部分。为素材添"延迟"效果后，在"效果控件"面板中展开"延迟"效果，出现"延迟"、"反馈"、"混合"三个选项，如图 12-38 所示。

图 12-38　"延迟"效果

指点迷津

"延迟"选项是调节在同一时间上与原始音频的滞后或提前的时间；"反馈"是可以设定有多少延迟音频被反馈到原始音频中；"混合"是设置原始音频与延迟音频的混合比例。

■ 音量

　　在编辑影片的过程中，如果要在标准效果之前渲染音量，则应该使用"音量"音频效果代替默认的音量调整选项。为了便于操作，"音量"音频效果仅有"级别"这一项参数，用户直接调整该参数调节音频素材的声音大小。

3．不同的音频效果

　　除了各种相同的音频效果外，Premiere 还根据音频素材声道类型的不同而推出了一些独特的音频效果。这些音频效果只能应用于对应的音频轨道内，接下来将对三大声道类型中的不同音频效果进行详细讲解。

■ 平衡

"平衡"音频效果是立体声音频轨道独有的音频效果，其作用在于平衡音频素材内的左右声道。在"效果控件"面板中，调节"平衡"滑块，可以设置左右声道的效果。向右调节"平衡"滑块，推进音频均衡向右声道倾斜；向左调节，则音频均衡向左声道倾斜，如图 12-39 所示。当"平衡"音频效果的参数值为正值时，Premiere 将对右声道进行调整；而为负值时则会调整左声道。

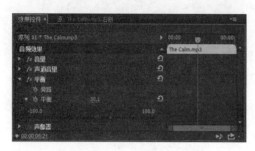

图 12-39　设置"平衡"参数

■ 互换声道

利用"互换声道"音频效果，可以使立体声音频素材内的左右声道信号相互交换。由于功能的特殊性，该音频效果多用于原始音频的录制、处理过程中。

提示

"互换声道"音频效果没有参数，直接应用即可实现声道互换效果。

■ 声道音量

"声道音量"音频效果适用于 5.1 和立体声音频轨道，其作用是控制音频素材内不同声道的音量大小，其参数面板如图 12-40 所示。

图 12-40　"声道音量"音频效果

12.3.3　课堂练一练：制作淡入淡出的声音效果

一段完整的音频文件包含过门、中间与结尾，当在一段完整的音频中剪辑一小段音频后，剪辑下来的音频文件在播放时就会发现，开头与结尾太突兀。此时可以为音频添加淡入淡出的声效，为其添加开始与结束的过渡效果。

步骤 01 在空白"项目"文件中，新建任意格式的空白序列后，双击"项目"面板的空白区域，将准备好的音频导入其中，如图 12-41 所示。

步骤 02 单击并拖曳已经导入的音频文件，至"时间轴"面板的 A1 音频轨道中，拉高 A1 轨道的高度，即可查看音频波形，如图 12-42 所示。

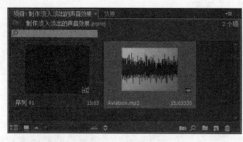

图 12-41　导入素材

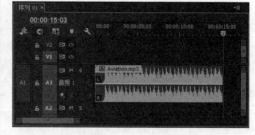

图 12-42　插入音频文件

高手支招

当插入音频文件后，虽然"节目"监视器面板中画面成黑色，但是单击"播放 - 停止播放"按钮后，即可听到声音。

步骤 03 单击选中轨道中的音频文件，确定"当前时间指示器"在 00:00:00:00。单击该轨道左侧的"添加 - 移除关键帧"按钮，创建第一个关键帧，如图 12-43 所示。

步骤 04 拖曳"当前时间指示器"至 00:00:02:00 位置，再次单击"添加 - 移除关键帧"按钮，创建第二个关键帧，如图 12-44 所示。

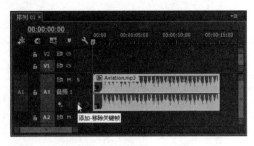
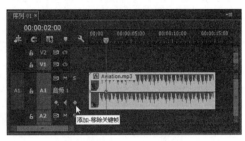

图 12-43　创建第一个关键帧　　　　　　　　图 12-44　创建第二个关键帧

步骤 05 将鼠标指向第一个关键帧，单击并向下拖曳该关键帧，降低该关键帧所在位置的音量，如图 12-45 所示。

步骤 06 分别将"当前时间指示器"拖至 00:00:13:03 与 00:00:15:03 位置，单击"添加 - 移除关键帧"按钮，分别创建第三个与第四个关键帧，如图 12-46 所示。

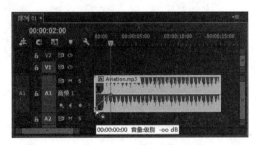
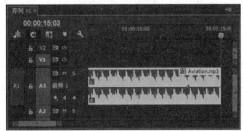

图 12-45　降低音量　　　　　　　　　　　图 12-46　创建关键帧

步骤 07 将鼠标指向第四个关键帧，单击并向下拖曳该关键帧，降低该关键帧所在位置的音量，如图 12-47 所示。

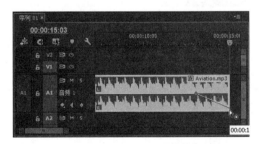

图 12-47　降低音量

步骤 08 至此，音频的淡入淡出声音效果制作完成，单击"节目"监视器面板中的"播放 - 停止播放"按钮，即可欣赏音乐。按快捷键 Ctrl+S，保存项目文件即可。

12.4 音轨混合器

在"音轨混合器"中，可以在听取音频轨道和查看视频轨道时调整设置。每条音频轨道混合器轨道均对应活动序列时间轴中的某个轨道，并会在音频控制台布局中显示时间轴音频轨道。

12.4.1 音轨混合器概述

音轨混合器是 Premiere 为用户制作高质量音频所准备的多功能音频素材处理平台。利用 Premiere 音轨混合器，用户可以在现有音频素材的基础上创建复杂的音频效果，不过在此之前我们需要首先对音轨混合器有一定的了解，对熟悉音轨混合器各控件的功能及使用方法。

从"音轨混合器"面板内可以看出，音轨混合器由若干音频轨道控制器和播放控制器所组成，而每个轨道控制器内又由对应轨道的控制按钮和音量控制器等控件组成，如图 12-48 所示。

图 12-48 "音轨混合器"面板

指点迷津

默认情况下，"音轨混合器"面板内仅显示当前所激活序列的音频轨道。因此，如果希望在该面板内显示指定的音频轨道，就必须将序列嵌套至当前被激活的序列内。

1. 自动模式

在"音轨混合器"面板中，自动模式控件对音频的调节作用主要分为调节音频素材和调节音频轨道两种方式。当调节对象为音频素材时，音频调节效果仅对当前素材有效，且调节效果会在用户删除素材后一同消失。如果是对音频轨道进行调节，则音频效果将应用于整个音频轨道内，即所有处于该轨道的音频素材都会在调节范围内受到影响。

在实际应用时，将音频素材添加至"时间轴"面板内的音频轨道后，在"音轨混合器"面板内单击相应轨道中的"自动模式"下拉按钮，即可选择所要应用的自动模式选项，如图 12-49 所示。

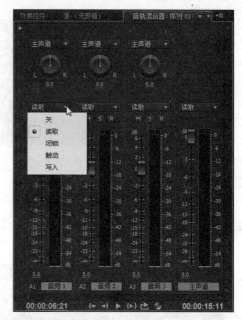

图 12-49 自动模式列表

提示

"音轨混合器"面板内的轨道数量与"时间轴"面板内的音频轨道数量相对应，当用户在"时间轴"面板内添加或删除音频轨道时，"音轨混合器"面板也会自动做出相应的调整。

2. 轨道控制按钮

在"音轨混合器"面板中，"静音音轨"、"独奏轨道"、"启用轨道以进行录制"等按钮的作用是在用户预听音频素材时，让指定轨道以完全静音或独奏的方式进行播放的。

例如在"音频 1"、"音频 2"和"音频 3"轨道都存在音频素材的情况下，预听播放时的"音轨混合器"面板内相应轨道中均会显示素材的波形变化。但是，当我们单击"音频 2"轨道中的"静音音轨"按钮后再预听音频素材，则"音频 2"轨道内将不再显示素材波形，这表示该音频轨道已静音，如图 12-50 所示。

在编辑项目内包含众多音频轨道的情况下，如果只想试听某一个音频轨道中的素材播放效果，则应在预听音频前在"音轨混合器"面板内单击相应轨道中的"独奏轨"按钮，如图 12-51 所示。

图 12-50　让指定轨道静音　　　　　　　　图 12-51　设置独奏轨

3．声道调节滑轮

　　当调节的音频素材只有左、右两个声道时，声道调节滑轮可用来切换音频素材的播放声道。例如，当向左拖曳声道调节滑轮时，相应轨道音频素材的左声道音量将会得到提升，而右声道音量会降低；若是向右拖曳声道调节滑轮，则右声道音量得到提升，而左声道音量降低，如图 12-52 所示。

图 12-52　使用声道调节滑轮

4. 音量控制器

音量控制器的作用是调节相应轨道内的音频素材播放音量，由左侧的 VU 仪表和右侧的音量调节滑块所组成，根据类型的不同分为主音量控制器和普通音量控制器。其中，普通音量控制器的数量由相应序列内的音频轨道数量所决定，而主音量控制器只有一项。

在预览音频素材播放效果时，VU 仪表将会显示音频素材音量的变化。此时，利用音量调节滑块即可调整素材的声音大小，向上拖曳滑块可以增大素材音量，反之则可以降低素材音量，如图 12-53 所示。

图 12-53　调整音量大小

指点迷津

完成播放声道的设置后，在"音轨混合器"面板中预览音频素材时，可以通过主 VU 仪表查看各声道的音量大小。

5. 播放控制按钮

播放控制按钮位于"音轨混合器"面板的正下方，其功能是控制音频素材的播放状态。当用户为"时间轴"面板中的音频素材剪辑设置入点和出点之后，便可以利用各个播放控制按钮对其进行控制。在这些控制按钮中，各按钮的名称及其作用如表 12-3 所示。

表 12-3　播放控制按钮功能作用

按钮	名称	作用
	转到入点	将"当前时间指示器"移至音频素材的开始位置
	转到出点	将当前时间指示器移至音频素材的结束位置
	播放 - 停止播放	播放音频素材，单击后按钮图案将变为"方块"形状
	从入点播放到出点	播放音频素材入点与出点之间的部分
	循环	使音频素材不断进行循环播放
	录制	单击该按钮后，即可开始对音频素材进行录制操作

6. 显示 / 隐藏效果与发送

默认情况下，效果与发送选项被隐藏在"音轨混合器"面板内，但用户可以通过单击"显示 / 隐藏效果和发送"按钮的方式展开该区域，如图 12-54 所示。

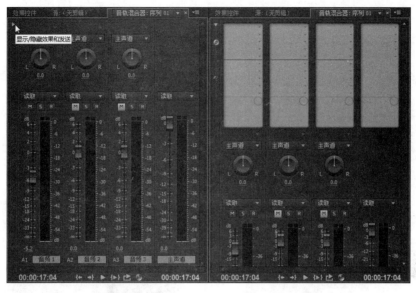

图 12-54　显示 / 隐藏效果和发送选项

7. 音轨混合器面板菜单

由于"音轨混合器"面板内的控制选项众多，Premiere 特别允许用户通过"音轨混合器"面板菜单自定义"音轨混合器"面板的功能。使用时，只需单击面板右上角的面板菜单按钮，即可显示该面板菜单。

在编辑音频素材的过程中，选择"音轨混合器"面板菜单内的"显示音频时间单位"命令后，还可以在"音轨混合器"面板内按照音频单位显示音频时间，从而能够以更精确的方式来设置音频处理效果，如图 12-55 所示。

图 12-55　显示音频单位

8. 重命名轨道名称

在"音轨混合器"面板中,轨道名称不再是固定不变的,而是能够更改的。其方法是只要在"轨道名称"文本框中输入文本,即可更改轨道名称,如图 12-56 所示。

图 12-56　轨道名称重命名

12.4.2　创建特殊效果

通过认识和使用"音轨混合器",已经了解了显示效果与发送区域的方法,接下来,将介绍通过效果与发送区域添加各种效果的方法,以创建特殊效果。

1. 设置和删除效果

在"音轨混合器"面板中,所有可以使用的音频效果都来源于"效果"面板中的相应效果。在"音轨混合器"面板内为相应音频轨道添加效果后,折叠面板的下方将会出现用于设置该音频效果的参数控件,如图 12-57 所示。

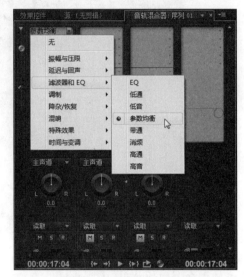

图 12-57　音频效果的参数控制

在音频效果的参数控件中,即可通过单击参数值的方式来更改选项参数,也可以通过拖曳控件上的指针来更改相应的参数值。

如果需要更改音频滤镜内的其他参数,只需单击控件下方的下拉按钮后,在列表内选择所要设置的参数名称即可,如图 12-58 所示。

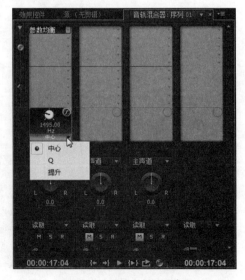

图 12-58　更改音频效果参数

在应用多个音频滤镜的情况下，用户只需选择所要调整的音频效果后，控件位置处即可显示相应效果的参数调整控件。

如果需要在效果与发送区域内清除部分音频效果，只需单击相应音频效果右侧的下拉按钮后，选择"无"选项即可，如图 12-59 所示。

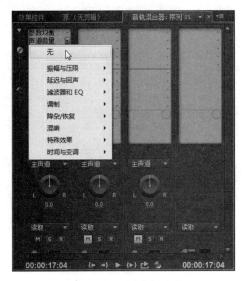

图 12-59　删除音频效果

2. 绕开效果

顾名思义，"绕开"效果的作用就是在不删除音频效果的情况下，暂时屏蔽音频轨道内的指定音频效果。设置绕开效果时，只需在"音轨混合器"面板内选择所要屏蔽的音频效果后，单击参数控件右上角的"绕开"按钮即可，如图 12-60 所示。

图 12-60　绕开指定音频效果

12.4.3　自动化控制

在 Premiere 中，自动模式的设置直接影响着混合音频效果的制作是否成功。在认识"音轨混合器"面板的各个控件时，我们已经了解到每个音频轨的自动模式列表中，各包含了 5 种模式。

在自动模式选项列表中，不同列表选项的含义与作用如下。

▷ 关：选择该选项后，Premiere 将会忽略当前音频轨道中的音频效果，而只按照默认设置来输出音频信号。

▷ 读取：这是 Premiere 的默认选项，作用是在回放期间播放每个轨道的自动模式设置。例如，在调整某个音频素材的音量级别后，既能在回放时听到差别，又能够在 VU 仪表内看到波形变化。

▷ 闭锁："闭锁"模式会保存用户对音频素材做出的调整，并将其记录在关键帧内。用户每调整一次，调节滑块的初始位置就会自动转为音频素材在进行当前编辑前的参数。在"时间轴"面板中，单击音频轨道前的"显示关键帧"下拉按钮，并选择"轨道关键帧"命令，即可查看 Premiere 自动记录的关键帧。

▷ 触动：该模式与"锁存"模式相同，将做出的调整记录到关键帧中。

▷ 写入："写入"模式可以立即保存用户对音频轨道所做出的调整，并且在"时间轴"面板内创建关键帧。通过这些关键帧，即可查看对音频素材的设置。

12.4.4　课堂练一练：画外音录制

在 Premiere 的"音轨混合器"面板中，还可以进行录音，创建属于自己的声音。而在录音之前必须设置音频硬件，否则将无法进行录制。

步骤 01 新建项目文件后，单击"项目"面板底部的"新建项"按钮，选择"序列"选项。直接在"新建序列"对话框中单击"确定"按钮，即可创建空白序列，如图 12-61 所示。

步骤 02 执行"编辑"|"首选项"|"音频硬件"命令，打开"首选项"对话框。在"音频硬件"选项组中，单击"ASIO 设置"按钮，弹出"音频硬件设置"对话框。在"输入"选项卡中，启用"麦克

风"选项后,连续单击"确定"按钮关闭所有对话框,如图 12-62 所示。

图 12-61　新建序列　　　　　　　　　　　图 12-62　启用麦克风选项

步骤 03 在"音轨混合器"面板中,单击其中一个轨道的"启用轨道以进行录制"按钮,再单击底部的"录制"按钮,如图 12-63 所示。

步骤 04 当准备好麦克风后,单击面板底部的"播放 - 停止播放"按钮,即可开始录音,如图 12-64 所示。

图 12-63　准备录音　　　　　　　　　　　图 12-64　进行录音

步骤 05 当录音完毕后,单击"播放 - 停止播放"按钮,此时"时间轴"面板的相应轨道中显示音频片段,如图 12-65 所示。

高手支招

在 Premiere Pro CC 2014 中,除了能够在"音轨混合器"面板中进行画外音录制外,还能够直接在"时间轴"面板中进行录音。

步骤 06 当"时间轴"面板的音频轨道中显示音频片段后，在"项目"面板中，也会显示相应的音频素材，如图 12-66 所示。

图 12-65　录制完成的音频

图 12-66　音频文件

步骤 07 至此画外音录制完成，单击"节目"监视器面板中的"播放 - 停止播放"按钮，即可播放录制的声音效果。按快捷键 Ctrl+S，保存项目文件即可。

12.5　音频剪辑混合器

音频剪辑混合器是 Premiere Pro 中混合音频的新方式。除了混合轨道外，还可以控制混合器界面中的单个剪辑，并创建更平滑的音频淡化效果。

12.5.1　音频剪辑混合器概述

"音频剪辑混合器"面板与"音轨混合器"面板之间相互关联，但是当"时间轴"面板是目前所关注的面板时，可以通过"音频剪辑混合器"监视并调整序列中剪辑的音量和声像；同样，当"源监视器"面板是聚焦的面板时，可以通过"音频剪辑混合器"监视源监视器中的剪辑，如图 12-67 所示。

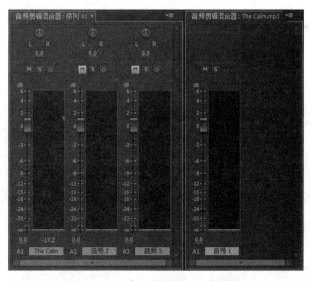

图 12-67　"音频剪辑混合器"面板

Premiere Pro 中的"音频剪辑混合器"起着检查器的作用。其增益调节器会映射至剪辑的音量水平，而声像控制器会映射至剪辑声像器。

当"时间轴"面板处于焦点状态时，播放指示器当前位置下方的每个剪辑都将映射到"音频剪辑混合器"的声道中。例如，"时间轴"面板的 A1 轨道上的剪辑，会映射到剪辑混合器的 A1 声道，如图 12-68 所示。

只有播放指示器下存在的剪辑时，"音频剪辑混合器"才会显示剪辑音频。当轨道包含间隙时，如果间隙在播放指示器下方，则剪辑混合器中相应的声道为空，如图 12-69 所示。

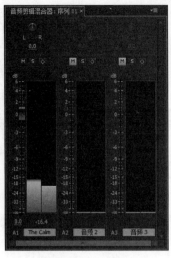
图 12-68　映射当前声道

图 12-69　显示剪辑音频

12.5.2　声道音量与关键帧

"音频剪辑混合器"面板与"音轨混合器"面板相比，除了能够进行音量的设置外，还能够进行声道音量，以及关键帧的设置。

1. 设置声道音量

在"音频剪辑混合器"面板中除了能够设置音频轨道中的总体音量外，还可以单独设置声道音量，但是在默认情况下它是禁用的。

要想单独设置声道音量，首先要在"音频剪辑混合器"面板中右击音量表，在弹出的菜单中选择"显示声道音量"选项，即可显示出声道衰减器，如图 12-70 所示。

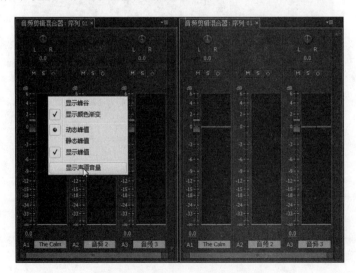
图 12-70　显示声道音量

当鼠标指向"音频剪辑混合器"面板中的音量表时，衰减器会变成按钮形式，如图 12-71 所示。

此时单击并上下拖曳衰减器,可以单独控制声道音量。如图 12-72 所示为降低左声道音量得到的效果。

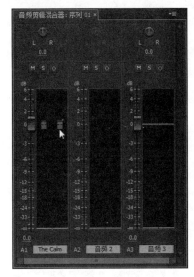

图 12-71　指向衰减器

图 12-72　控制左声道音量

2. 关键帧

"音频剪辑混合器"面板中的关键帧按钮状态,是决定可以对音量或声像器进行更改的性质。在该面板中不仅能够设置音频轨道中音频总体音量与声道音量,还能够设置不同时间段的音频音量,并且方法非常简单。

要想在不同时间段中设置不同的音量,首先在"时间轴"面板中,确定播放指示器在音频片段中的位置。然后在"音频剪辑混合器"面板中单击"写关键帧"按钮,如图 12-73 所示。

按空格键播放音频片段后,在不同的时间段中单击并拖曳"音频剪辑混合器"面板中的控制音量的衰减器,从而创建关键帧,设置音量高低,如图 12-74 所示。

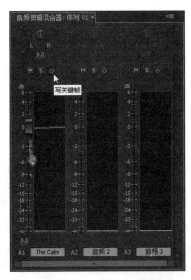

图 12-73　单击"写关键帧"按钮

图 12-74　创建关键帧

当再次按空格键播放音频时,发现声音时高时低,并且"音频剪辑混合器"面板中的衰减器会跟随"时间轴"面板中的关键帧来回移动。

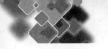

12.6　实战应用

　　了解与掌握音频效果的剪辑与制作后，就可以根据这些功能制作声音的特别效果，例如回声或者混音。下面分别通过不同的实例来制作声音效果，并在制作过程中掌握音效功能的运用。

12.6.1　课堂练一练：制作双音效果

　　本例制作的是左右声道各自播放的双音效果。在制作的过程中，通过使用"音频效果"中的"使用左声道"和"使用右声道"效果，将音频调节为左右声道。再为音频添加"平衡"效果，完成左右声道效果的制作。

步骤 01 在空白"项目"文件中，新建任意格式的空白序列后，双击"项目"面板的空白区域，将准备好的音频导入其中，如图 12-75 所示。

步骤 02 在"项目"面板中双击素材 Aviation.mp3，打开"源"监视器面板。在"源"监视器面板中，拖曳"当前时间指示器"至 00:00:14:00 处，单击"标记出点"按钮，设置音频的出点，如图 12-76 所示。

图 12-75　导入素材

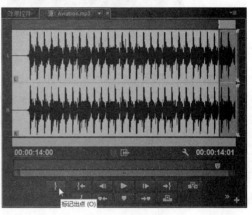

图 12-76　标记出点

步骤 03 在"项目"面板中双击素材 The Calm.mp3，打开"源"监视器面板。在"源"监视器面板中的相同位置单击"标记出点"按钮，设置音频的出点，如图 12-77 所示。

步骤 04 将 Aviation.mp3 添加到"音频 1"轨道上，将 The Calm.mp3 添加到"音频 2"轨道上，如图 12-78 所示。

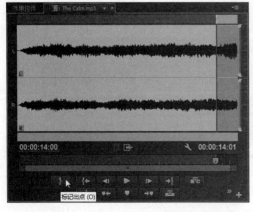

图 12-77　标记出点

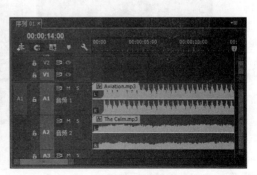

图 12-78　插入素材

步骤 05 选中"时间轴"面板中的 Aviation.mp3，执行"剪辑"|"修改"|"音频声道"命令，打开"修改剪辑"对话框。选择列表中的"右侧"选项为"无"，如图 12-79 所示。

步骤 06 在"效果"面板中，选择"平衡"音频效果，添加到 Aviation.mp3 上。在"效果控件"面板中，设置"平衡"为 -100，如图 12-80 所示。

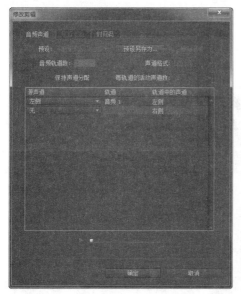

图 12-79　设置音频声道　　　　　　　图 12-80　添加"平衡"效果

步骤 07 选中"时间轴"面板中的 The Calm.mp3，执行"剪辑"|"修改"|"音频声道"命令，打开"修改剪辑"对话框。选择列表中的"左侧"选项为"无"，如图 12-81 所示。

步骤 08 为 The Calm.mp3 添加"平衡"音频效果，在"效果控件"面板中，设置"平衡"为 100，如图 12-82 所示。

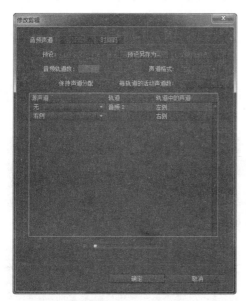

图 12-81　设置音频声道　　　　　　　图 12-82　添加"平衡"效果

步骤 09 在"节目"监视器面板中，试听音频效果，可以听到左右声道各自播放不同的音频。保存文件，完成左、右声道各自播放音频的效果。

12.6.2　课堂练一练：制作回声效果

回音是声波折射后，与原有声音混合在一起后造成的物理现象，通常发生在山谷、密室等环境内。在 Premiere 中，我们只需利用音轨混合器中的音频效果，即可创建出类似山谷回音的效果。

步骤 01 在新建项目文件中，按快捷键 Ctrl+N，执行"文件"|"新建"|"序列"命令。在"新建序列"对话框中，选择"轨道"选项卡，将视频轨道的数量设置为 1 后，设置"主音轨"为"立体声"，单击"确定"按钮创建序列，如图 12-83 所示。

步骤 02 在"项目"面板中双击空白处，将准备好的音频素材导入到"项目"面板中，如图 12-84 所示。

图 12-83　创建序列

图 12-84　导入素材

步骤 03 将 Aviation.mp3 音频素材导入至当前项目后，将该素材添加至"音频 1"轨道内，如图 12-85 所示。

步骤 04 在"时间轴"面板内选择 Aviation.mp3 音频素材后，在"音轨混合器"面板内展开效果与发送区域。然后，在"音频 1"轨道对应的效果列表内单击任意一个"效果选择"下拉列表，并选择"多功能延迟"选项，如图 12-86 所示。

图 12-85　插入音频素材

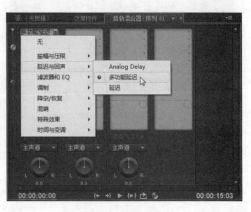

图 12-86　添加音频效果

指点迷津

如果为音频素材添加"延迟"音频效果，也可以实现回声，但该音频效果仅能产生一次回声效果。

步骤 05 添加音频效果后，在该音频效果对应的参数控件中，将"延迟 1"的参数设置为"1 秒"，如图 12-87 所示。

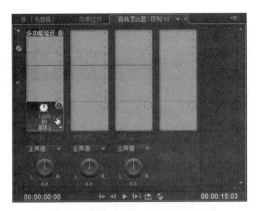

图 12-87　设置音频效果参数

步骤 06 在"多功能延迟"音频效果参数控件内单击参数列表下拉按钮后，选择"反馈 1"选项，并将该参数值设置为 10%，如图 12-88 所示。

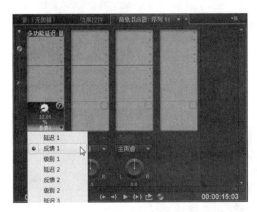

图 12-88　调整"反馈 1"选项的参数值

步骤 07 按照上述方法，将"多功能延迟"音频效果的"混合"选项参数值设置为 60%，如图 12-89 所示。

步骤 08 接下来，依次将"延迟 2"、"延迟 3"和"延迟 4"的参数设置为"1.5 秒"、"1.8 秒"和"2 秒"，如图 12-90 所示。

步骤 09 将"音频 1"轨道的音量调节按钮移至 1 的位置，如图 12-91 所示。完成后，即可在"节目"监视器面板内预览回音效果。

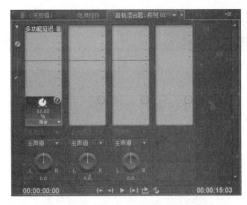

图 12-89　调整"混合"选项参数值

图 12-90　设置音频效果的其他参数

图 12-91　调整音频轨道的音量

步骤 10 至此回声效果制作完成，按快捷键 Ctrl+S，保存项目文件即可。

12.7 习题测试

1．填空题

（1）声音通过物体振动所产生，正在发声的物体被称为 ＿＿＿＿＿＿＿＿＿。

（2）在"音轨混合器"面板中，自动模式控件对音频的调节作用主要分为调节音频素材和调节 ＿＿＿＿＿＿＿＿ 两种方式。

2．操作题

在 Premiere Pro CC 2014 中，除了能够在"音轨混合器"面板中进行画外音录制外，还能够直接在"时间轴"面板中进行录音。方法是，当准备好麦克风后，右击音频轨道功能区，选择弹出菜单中的"画外音录制设置"选项，在弹出的对话框中设置选项后，单击"关闭"按钮，如图 12-92 所示。

在指定的音频轨道中单击"画外音录制"按钮，即可开始使用麦克风录音。录音完毕后再次单击"画外音录制"按钮结束录音，相应音频轨道中显示音频片段，如图 12-93 所示。

图 12-92 "画外音录制设置"选项

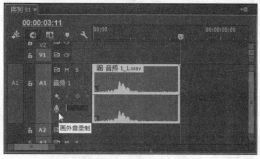
图 12-93 录音后的音频显示

在"时间轴"面板中进行画外音录音，操作过程更加简单。当启用"画外音录制设置"面板中的"倒计时声音提示"选项后，单击"画外音录制"按钮后，"节目"监视器面板中会显示倒计时效果，如图 12-94 所示。

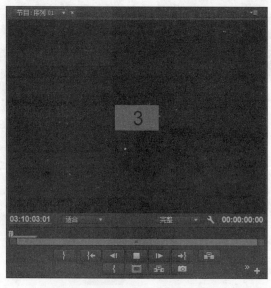
图 12-94 录音倒计时

12.8 **本课小结**

　　Premiere Pro 中的音频剪辑并没有视频剪辑的效果丰富，但是也分为音频过渡与音频效果两大类。其中音频效果中的特效基本上能够满足音频剪辑的需要，并且还能够制作出混音、回声等声音效果。至此，Premiere Pro 中的所有功能介绍完毕，接下来就需要综合运用这些功能来制作各种效果的视频。

第 13 课 制作宝宝电子相册

制作宝宝电子相册

当了解 Premiere Pro 中的所有功能后，就可以从日常生活中拍摄的视频开始进行简单的视频剪辑。本课制作的是宝宝电子相册视频，该视频效果主要是通过静态图片的关键帧动画制作而成的，其中搭配了字幕及视频背景。

13.1 宝宝电子相册效果分析

宝宝的成长只有一次，将成长过程中的照片保留下来，制作成漂亮的电子相册，是记录宝宝成长的最佳选择。在制作过程中，照片以运动的形式展示，效果过渡的添加使照片切换更加自然，如图 13-1 所示。

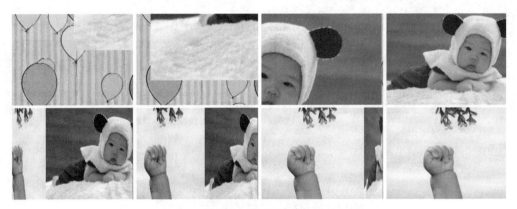

图 13-1 照片显示动画

而宝宝相册中的字幕分别应用在开始与结尾位置，其中相册名称字幕是由无到有逐渐显示出来的，而结尾的字幕则是在背景视频的衬托下静态显示的，如图 13-2 所示。

图 13-2 字幕效果

13.2 制作 100 天照片视频

本节主要将宝宝 100 天的照片以运动的形式进行展示，其中电子相册片头的制作是由字幕与视频组合而成的。

步骤01 启动 Premiere，在"新建项目"对话框中，单击"浏览"按钮，选择文件的保存位置。在"名

称"栏中输入"宝宝电子相册",单击"确定"按钮,如图 13-3 所示。

步骤02 执行"文件"|"新建"|"序列"命令,在"新建序列"对话框中,选择"可用预设"列表中的 DV-PAL|"标准 48kHz"选项,单击"确定"按钮,建立空白序列,如图 13-4 所示。

图 13-3 新建项目　　　　　　　　　　　　　　图 13-4 新建序列

步骤03 在"项目"面板中双击空白处,将准备好的素材文件夹导入"项目"面板中,如图 13-5 所示。

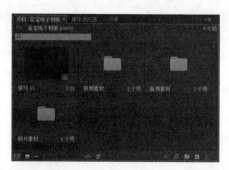

图 13-5 导入素材文件夹

提示

在打开的"导入"对话框中,当选中文件夹后,单击"导入文件夹"按钮,才能将素材文件夹导入项目中。

步骤04 展开"项目"面板中"视频素材"文件夹,将素材 1.avi 插入"时间轴"面板的 V1 轨道上,然后将音频删除,如图 13-6 所示。

图 13-6 插入视频素材

指点迷津

由于制作后期会统一添加音频素材，所以这里的所有视频素材均需要将音频删除。

步骤 05 执行"字幕"|"新建字幕"|"默认游动字幕"命令，直接单击"新建字幕"对话框中的"确定"按钮，建立空白字幕，如图 13-7 所示。

步骤 06 在"字幕"面板中输入文本"贝贝的一百天相册"，在"字幕属性"面板中设置"字体系列"为"华文琥珀"，"字体大小"为 70.0，"行距"为 40.0，"字符间距"为 10.0，如图 13-8 所示。

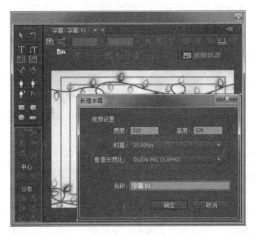 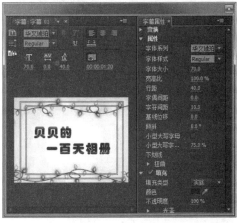

图 13-7　新建字幕　　　　　　　　　　　　　图 13-8　输入并设置文本

步骤 07 在"字幕样式"面板中，右击 Hobo Medium Gold 58 样式，选择"仅应用样式颜色"命令，如图 13-9 所示。

步骤 08 执行"字幕"|"滚动/游动选项"命令，在弹出的"滚动/游动选项"对话框中，启用"开始于屏幕外"选项，如图 13-10 所示。

图 13-9　应用样式　　　　　　　　　　　　　图 13-10　设置游动动画

步骤 09 将"字幕 01"插入 V2 轨道，右击 V1 轨道上的视频，选择"速度/持续时间"命令，设置"持续时间"为 5 秒，如图 13-11 所示。

步骤 10 将"当前时间指示器"拖至 00:00:05:00 处，依次将"照片素材"文件夹中的照片 FYN_001.JPG 至 FYN_006.JPG 插入 V2 轨道，如图 13-12 所示。

图 13-11　设置持续时间

图 13-12　插入照片

步骤 11 依次右击"时间轴"面板中的照片素材，选择"缩放为帧大小"命令，使其照片宽度与屏幕宽度相等，如图 11-13 所示。

步骤 12 选中"时间轴"面板中的 FYN_001.JPG，并将"当前时间指示器"拖至 00:00:05:00 处。在"效果控件"面板中设置"缩放"为 200.0，单击"位置"选项左侧的"切换动画"按钮，创建关键帧，如图 13-14 所示。

图 13-13　设置图片宽度

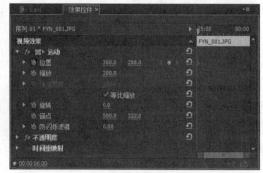

图 13-14　创建关键帧

步骤 13 单击"运动"选项组，"节目"监视器面板中的照片出现变换框，将该照片移至屏幕右下角区域，如图 13-15 所示。

步骤 14 在 00:00:06:00 位置单击"位置"选项右侧的"添加 / 移除关键帧"按钮，创建第二个关键帧。将照片向屏幕左上角移动，如图 13-16 所示。

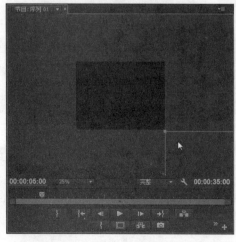

图 13-15　移动照片位置

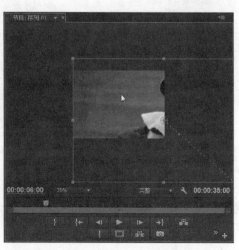

图 13-16　移动照片位置

提示

将"当前时间指示器"移至空白区域后，直接设置相关选项参数，会自动创建关键帧。

步骤15 在 00:00:07:00 位置单击"位置"选项右侧的"添加/移除关键帧"按钮，创建第三个关键帧。将照片向屏幕左侧移动，如图 13-17 所示。

高手支招

在移动照片位置时，其移动的位置是根据照片中的主体来确定的，并没有固定的参数值。

步骤16 在 00:00:08:00 位置单击"位置"选项右侧的"添加/移除关键帧"按钮，创建第四个关键帧。在"效果控件"面板中设置"位置"参数，如图 13-18 所示。

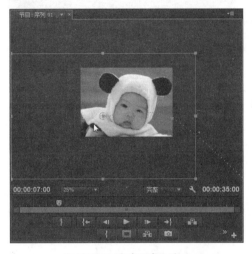
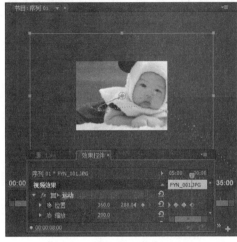

图 13-17　移动照片位置　　　　图 13-18　设置"位置"参数

指点迷津

第四个关键帧中的"位置"参数，是照片素材的原始位置，所以在创建位置动画前，必须记牢该参数。

步骤17 在同位置单击"缩放"选项左侧的"切换动画"按钮，创建关键帧，如图 13-19 所示。

步骤18 在 00:00:09:00 位置单击"缩放"选项右侧的"添加/移除关键帧"按钮，创建第二个关键帧。设置该选项为 100.0，如图 13-20 所示。

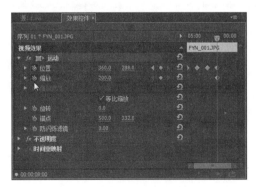
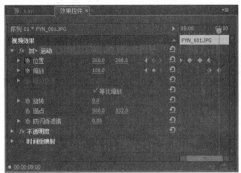

图 13-19　创建缩放关键帧　　　　图 13-20　创建缩放动画

步骤19 在"效果"面板中，展开"视频过渡"|"3D 运动"选项组，单击选中"立方体旋转"选项，如图 13-21 所示。

275

步骤20 单击并拖曳该选项至"时间轴"面板的 FYN_001.JPG 与 FYN_002.JPG 之间。释放鼠标后为两幅照片之间添加过渡效果，如图 13-22 所示。

图 13-21　选中"立方体旋转"选项

图 13-22　添加"立方体旋转"效果

步骤21 在"时间轴"面板中，拖曳"当前时间指示器"，即可查看"节目"监视器面板中的过渡动画效果，如图 13-23 所示。

图 13-23　过渡动画效果

步骤22 按照 FYN_001.JPG 动画制作方法，为 FYN_003.JPG 照片创建"位置"与"缩放"动画。其中，位置动画可以从屏幕的不同方向进入，如图 13-24 所示。

图 13-24　照片进入动画

步骤23 在照片 FYN_003.JPG 与 FYN_004.JPG 之间，添加"翻页"过渡视频效果后，在"效果控件"面板中，分别在 00:00:21:00、00:00:21:10，以及 00:00:22:00 时间位置创建"缩放"关键帧，并设置第二个关键帧的"缩放"参数为 200.0，如图 13-25 所示。

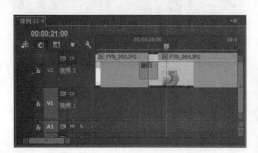

图 13-25　翻页与放大设置

步骤24 当为 FYN_004.JPG 添加翻页过渡效果后，还为其添加了瞬间放大与缩小动画效果，使该照片的显示动画更加丰富，如图 13-26 所示。

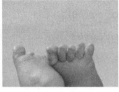

图 13-26　翻页与放大动画

步骤 25 通过设置"位置"与"缩放"属性，为照片 FYN_005.JPG 制作进入画面动画，如图 13-27 所示。

图 13-27　照片进入动画

步骤 26 在照片 FYN_005.JPG 与 FYN_006.JPG 之间，添加交叉缩放视频过渡效果后，分别在 00:00:34:00 与 00:00:35:00 位置创建不透明度属性的关键帧，创建从有到无的动画，如图 13-28 所示。

图 13-28　过渡与渐隐动画

步骤 27 至此，照片显示动画制作完成，按快捷键 Ctrl+S 保存项目后，即可开始宝宝相册的下一个阶段动画制作。

13.3　整理画面修饰

本节将对照片展示效果进行整体修饰，例如为整个添加背景视频，以及添加背景音乐等。

步骤 01 将"当前时间指示器"拖至 00:00:05:00 处，将视频素材 2.avi 插入 V1 轨道上，并删除音频片段，如图 13-29 所示。

步骤 02 复制该视频，并在该视频右侧连续粘贴，直至覆盖所有照片展示时间范围，如图 13-30 所示。

图 13-29　插入视频　　　　　　　　　　图 13-30　复制视频

步骤 03 执行"字幕"|"新建字幕"|"默认静态字幕"命令，在"字幕"面板中输入文本后，设置"属性"与"样式"选项，如图 13-31 所示。

字幕 02 中的字幕属性与样式，与字幕 01 中的字幕基本相同。

步骤 04 将"当前时间指示器"拖至 00:00:35:00 处，将字幕 02 插入 V2 轨道上。缩短 V1 轨道上的视频播放长度，如图 13-32 所示。

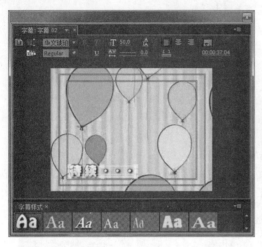

图 13-31　创建字幕 02

图 13-32　插入字幕 02

步骤 05 将"当前时间指示器"拖至 00:00:00:00 处，插入音频素材"亲亲猪宝贝 .mp3"，如图 13-33 所示。

步骤 06 选中"效果"面板中的"音频过渡"|"交叉渐隐"|"恒定增益"效果，将其添加至音频素材开始位置，如图 13-34 所示。

图 13-33　插入音频

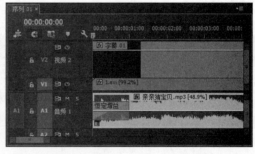

图 13-34　添加"恒定增益"效果

步骤 07 将"指数淡化"效果添加至音频素材的结束位置，形成音量逐渐减小的效果，如图 13-35 所示。

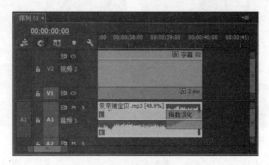

图 13-35　添加音频过渡效果

提示

音频播放时间如果过长，可以将多余的部分进行分割或删除。如果播放时间过短，则可以通过复制与粘贴增加其播放长度。

步骤 08 在"节目"监视器面板中，单击"播放 - 停止播放"按钮预览视频效果。然后，保存文件。选择一种视频格式导出视频，完成电子相册的制作。

13.4 本课小节

　　宝宝电子相册视频效果是将不同的静态照片串联起来，并逐一显示，搭配背景音乐后形成的动画视频效果。本课是通过静态照片之间的视频过渡特效，以及为静态照片添加运动动画等方式制作而成的。通过本课的练习，能够掌握静态图片制作成动画视频的方法。

第14课 制作商品宣传视频

制作商品宣传视频

随着购买方式的转变，越来越多的人都通过网络购买商品。商家为了全方位地展示商品，将商品的宣传制作成视频，或者直接拍摄成视频，放置在网络商店内，以供购买者浏览。本课就是将已经拍摄好的视频，制作成一段完整的商品宣传视频。

14.1 商品宣传视频效果分析

以不欺骗和误导消费者为原则，商品宣传的画面应该尽量真实。所以在制作过程中，只是稍微调整了一下视频画面的色阶，并没有为其添加艺术化的特效，如图 14-1 所示。

图 14-1 视频画面调整

由于视频并不是完整地拍摄下来的，所以在视频合成过程中，为了使视频与视频之间的画面自然衔接，这里为其添加视频过渡特效，如图 14-2 所示。

图 14-2 视频过渡效果

完整的商品宣传视频，还包括视频片头。该商品宣传视频片头是通过静态图片与字幕相结合，并搭配过渡特效制作完成的，如图 14-3 所示。

图 14-3　视频片头效果

14.2　制作视频片头

这里的视频片头是静态图片搭配静态字幕完成的，为了使其具有动画效果，分别为其添加了预设过渡效果。

步骤 01 在 Premiere Pro 中新建空白项目后，双击"项目"面板的空白区域，依次将准备好的"视频素材"、"图片素材"和"音频素材"文件夹导入其中，如图 14-4 所示。

步骤 02 执行"文件"|"新建"|"序列"命令，在"新建序列"对话框中，选择"可用预设"列表中的 DV-PAL|"宽屏48kHz"选项，单击"确定"按钮，建立空白序列，如图 14-5 所示。

图 14-4　导入素材文件夹　　　　　　　　　　　　图 14-5　新建序列

步骤 03 在"项目"面板中双击"图片素材"文件夹，打开"素材箱"面板。在该面板中显示一幅静态图像，如图 14-6 所示。

步骤 04 单击并拖曳该图像至"时间轴"面板的 V1 轨道上，将其插入视频轨道中，如图 14-7 所示。

图 14-6 "素材箱"面板

图 14-7 插入图像

步骤 05 选中该图像后，在"效果控件"面板中，设置"缩放"选项参数为 78.0，使其仅能显示在"节目"监视器面板中，如图 14-8 所示。

步骤 06 选择"字幕"|"新建字幕"|"默认静态字幕"命令，在打开的"新建字幕"对话框中，直接单击"确定"按钮，新建空白字幕，如图 14-9 所示。

图 14-8 缩小图像尺寸

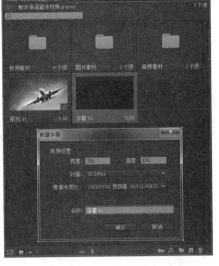

图 14-9 新建字幕

步骤 07 在打开的"字幕"面板中，输入文字"飞机模型展示"，并在"字幕属性"面板中分别设置"字体系列"为"华文琥珀"，"字体大小"为 80.0，"字偶间距"为 30.0，如图 14-10 所示。

步骤 08 在"字幕样式"面板中，右击 Hobo Medium Gold 58 样式，选择"仅应用样式颜色"命令，如图 14-11 所示。

图 14-10 输入并设置文字属性

图 14-11 应用样式

步骤 09 将"字幕 01"插入 V2 轨道上,将"效果"面板中的"预设"|"马赛克"|"马赛克入点"选项,拖曳至"时间轴"面板中的字幕 01 剪辑上,为其添加显示动画,如图 14-12 所示。

图 14-12 为字幕添加入点动画

步骤 10 继续将"效果"面板中的"预设"|"模糊"|"快速模糊出点"选项,分别放置在 V1 和 V2 轨道上,为字幕和静态图片添加出点动画,如图 14-13 所示。

图 14-13 添加出点动画

步骤 11 至此完成视频片头动画的制作,按快捷键 Ctrl+S 保存项目后,即可继续制作下面的动画。

14.3 合成视频

由于不是专业的拍摄者,所以视频在进行合成之前,还需要进行视频的逐个剪辑,这样才能将有用的视频插入"时间轴"面板。

步骤 01 在"项目"面板中,双击"视频素材"文件夹后,在打开的"素材箱"面板中继续双击视频 WP_20150827_08.mp4,使该视频在"源"监视器面板中打开,如图 14-14 所示。

步骤 02 在"源"监视器面板中,将"当前时间指示器"拖至 00;00;01;17,单击"标记入点"按钮建立入点;将"当前时间指示器"拖至 00;00;11;28,单击"标记出点"按钮建立出点,如图 14-15 所示。

图 14-14 "源" 监视器面板   图 14-15 建立出、入点

提示

在 "源" 监视器面板中，单击 "播放 - 停止播放" 按钮浏览视频完毕后，可以根据视频画面决定出、入点的位置。这里将开始晃动的画面标记在入点之前，将结尾画面边缘出现手指的画面标记在出点之后，这样就能够在插入轨道时，将标记之外的视频删除。

步骤 03 将 "时间轴" 面板中的 "当前时间指示器" 拖至 00:00:05:00，单击 "源" 监视器面板内的 "插入" 按钮，即可将出、入点之间的视频插入 V1 轨道中，并删除音频轨道中的片段，如图 14-16 所示。

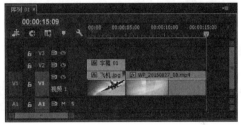

图 14-16 插入视频

步骤 04 按照上述方法，分别为其他视频建立出、入点后，将其依次插入 V1 轨道中，并删除音频片段。其中视频 WP_20150827_11.mp4 的音频片段保留，如图 14-17 所示。

图 14-17 插入其他视频

高手支招

在剪辑视频时，并不是每一段视频都必须建立入点和出点，用户可以根据视频画面需要来决定出入点的建立与否。

步骤 05 在 "效果" 面板中，将 "预设" | "模糊" | "快速模糊入点" 选项，拖曳至 "时间轴" 面板 V1 的 WP_20150827_08.mp4 视频上，为其添加入画动画，如图 14-18 所示。

步骤06 在"效果"面板中，展开"视频过渡"选项组。将"划像"|"菱形划像"选项拖曳至视频 WP_20150827_08.mp4 与 WP_20150827_09.mp4 之间，释放鼠标后为其添加该过渡效果，如图 14-19 所示。

图 14-18 添加入画动画　　　　　　　　　图 14-19 添加"菱形划像"过渡效果

步骤07 依次将"溶解"中的"渐隐为白色"效果、"滑动"中的"中心拆分"效果依次插入视频其他的 视频之间，为其添加过渡效果，如图 14-20 所示。

图 14-20 添加过渡效果

步骤08 至此视频合成制作完成，按快捷键 Ctrl+S 保存项目后，即可继续制作下面的动画。

14.4 调整视频

在拍摄过程中，由于拍摄角度的问题，某些视频画面光线效果较暗，所以在视频合成后，就需要通 过色彩调整特效来调节视频画面的明暗关系。

步骤01 在"效果"面板中，展开"视频效果"|"调整"选项组，将"自动色阶"选项拖曳至"时间轴" 面板的视频 WP_20150827_08.mp4 上，释放鼠标后为其添加该特效，如图 14-21 所示。

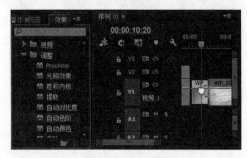

图 14-21 添加"自动色阶"效果

提示

单击"节目"监视器面板中的"播放 - 停止播放"按钮，查看视频时发现视频 WP_20150827_08.mp4 亮度较低，颜色过于平淡。

步骤 02 在"节目"监视器面板中，拖曳"当前时间指示器"至视频 WP_20150827_08.mp4 位置，即可发现视频画面发生微弱的变化，如图 14-22 所示。

步骤 03 按照上述方法，为视频 WP_20150827_10.mp4 添加相同的色彩调整特效，即可在"节目"监视器面板中查看效果，如图 14-23 所示。

图 14-22　查看视频画面

图 14-23　改变视频画面色彩

步骤 04 至此视频画面色调调整完毕，按快捷键 Ctrl+S 保存项目后，即可继续制作下面的动画。

14.5　添加背景音乐

为了使整个视频在播放时更加有节奏感，这里为视频添加了背景音乐。但是由于最后一段视频自带音频，所以在制作时需要将音频重叠区域的背景音乐声量降低，从而突出商品本身的声音。

步骤 01 在"项目"面板中，双击"音频素材"文件夹，在打开的"素材箱"面板中显示导入的音频文件，如图 14-24 所示。

步骤 02 确定"时间轴"面板中的"当前时间指示器"在 00:00:00:00，将音频文件"背景音乐.mp3"放置在 A2 轨道中，如图 14-25 所示。

图 14-24　音频文件

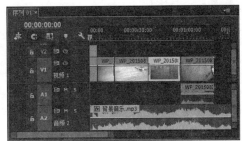

图 14-25　插入音频

步骤 03 确定"当前时间指示器"在视频结尾的位置，选择工具栏中的"剃刀工具"，在"当前时间指示器"所在的音频片段位置单击，将音频分割为两部分，如图 14-26 所示。

步骤 04 选择工具栏中的"选择工具"，单击"当前时间指示器"右侧的音频片段，按 Delete 键进行删除，如图 14-27 所示。

图 14-26　分割音频　　　　　　　　　图 14-27　删除音频

步骤 05 选中音频片段后，单击相同轨道中的"添加-移除关键帧"按钮，在音频结尾位置添加第一个关键帧，如图 14-28 所示。

步骤 06 分别在 00:01:15:00、00:00:58:00，以及 00:00:56:00 位置创建关键帧后，并将音频结尾位置的关键帧向下拖曳，将其音量降至最低，如图 14-29 所示。

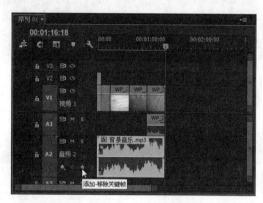

图 14-28　添加第一个关键帧　　　　　图 14-29　创建并设置关键帧

步骤 07 按住 Shift 键依次单击中间的两个关键帧，同时将其选中。单击选中的关键帧并向下拖曳，降低该时间段的音频音量，如图 14-30 所示。

图 14-30　降低声量

步骤 08 至此商品宣传视频制作完毕，按快捷键 Ctrl+S 保存项目后，即可在"节目"监视器面板中单击"播放-停止播放"按钮查看视频效果，如图 14-31 所示。

图 14-31　查看视频效果

14.6 本课小节

　　商品宣传视频效果就是通过不同的视频片段组合而成的，并搭配视频片头及背景音乐增加其完整性。本课的制作较为简单，由于素材视频画面本身是动态的，所以并不需要制作动画，只要将不同的视频短片自然衔接即可。通过本课的练习，能够基本掌握视频的处理方法，以及了解视频制作的整个流程。

习题测试答案

第 2 课
1. 填空题
（1）新建项目 （2）外观
2. 选择题
（1）A （2）A
第 3 课
1. 填空题
（1）列表 （2）悬停划动 （3）自动匹配序列
2. 选择题
（1）B （2）C
第 4 课
1. 填空题
（1）播放时间 （2）OMF
2. 选择题
（1）A （2）D
第 5 课
1. 填空题
（1）"添加标记"按钮 （2）滚动编辑工具
第 6 课
1. 填空题
（1）游动 （2）外．内
第 7 课
1. 填空题
（1）切换动画 （2）旋转
第 8 课
1. 填空题
（1）过渡效果 （2）Delete
第 9 课
1. 填空题
（1）视频效果 （2）蒙版
第 10 课
1. 填空题
（1）色相 （2）阴影
第 11 课
1. 填空题
（1）不透明度 （2）灰度图层
第 12 课
1. 填空题
（1）声源 （2）音频轨道